Johannes Mensing und Josef Naber

Mathe kann jeder – und wir beweisen es

Johannes Mensing und Josef Naber

Mathe kann jeder

UND WIR BEWEISEN ES

dtv

MIX
Papier | Fördert gute Waldnutzung
FSC® C083411

Originalausgabe 2024
2. Auflage 2024

Umschlaggestaltung: semper smile, München
Umschlagmotive: shutterstock.com / vectorplus, ViValenty, DiViArt, A 5, Ivan Baranov, Epifantsev
Autorenfoto: Tour-Files Fotografie / Matthias Rethmann
Illustration Autoren: Lorena Addotto
Bildmotive Innenteil: Dennis Jarvis via Wikimedia Commons / Beat Ruest via Wikimedia Commons / librarianlady via Pixabay
Satz: Fotosatz Amann, Memmingen
Druck und Bindung: CPI books GmbH, Leck
Printed in Germany ISBN · 978-3-423-26393-1

TEIL 3

EPILOG

PROLOG
Mathe ist (k)ein Arschloch?!

»Mathe kann jeder.« Was für viele nach reiner Fantasie klingt, ist in Wirklichkeit längst anerkannter Standard in der Wissenschaft. Und doch ist eine negative Einstellung gegenüber der Mathematik in unserer Gesellschaft fest verankert. Jeder, der aktuell in der Schule ist oder an seine Schulzeit zurückdenkt, wird feststellen, dass es immer zwei Lager von Schülerinnen und Schülern gibt: die einen, »die Mathe können«, und die anderen, »die es nicht können«. Aber braucht man für Mathe wirklich ein Talent, das einige von Natur aus besitzen und andere nicht?

Genau diese Frage haben auch wir, Josef und Johannes, uns beim Start unseres Lehramtsstudiums gestellt. Durch unser Studium, durch die Gründung unseres Unternehmens MatheMind, die damit einhergehende tägliche Arbeit mit Schülerinnen und Schülern und durch unsere eigene Recherche wurde aber eines schnell klar: MATHE KANN JEDER! Nur ist das leider nicht jedem bewusst. Also überlegten wir uns, wie wir diese Botschaft in die Welt tragen können. Unser Ansatz: Menschen zunächst für die spannenden Geschichten der Mathematik und ihre alltägliche Anwendung begeistern, bevor es in die »trockene« inhaltliche Erklärung geht. Genau mit diesem Ansatz schaffen wir es jeden Monat, Hunderttausende Menschen mit unseren Mathevideos zu begeistern und für den »Aha-Moment« zu sorgen.

Nichtsdestotrotz sind die negativen Glaubenssätze »Mathe kann ich nicht«, »Mathe brauche ich nicht« und »Mathe ist langweilig« bei vielen immer noch gesetzt. Mit diesem Buch wollen wir nun endgültig damit aufräumen. Dazu haben wir jedem Glaubenssatz ein Kapitel gewidmet und freuen uns, euch auf die Reise in die wunderbare Welt der Mathematik mitzunehmen. Der erste Teil behandelt die wissenschaftlichen Grundlagen des Mathelernens.

Wir wollen zunächst erklären, warum es keinen Grund gibt zu denken, dass DU Mathe nicht kannst. Gleichzeitig zeigen wir dir Methoden, mit denen du unmittelbar eine Verbesserung deiner mathematischen Fähigkeiten erlangen kannst. Das Schöne dabei: Diese Methoden kannst du nicht nur im Bereich Mathe, sondern in jedem Lebensbereich anwenden, in dem du etwas Neues lernen möchtest.

Der zweite Teil widmet sich dem Glaubenssatz »Mathe brauche ich nicht«. Gemeinsam schauen wir uns spannende mathematische Phänomene an, die uns tagtäglich begegnen. Warum etwa verkaufen Fluggesellschaften regelmäßig mehr Tickets, als sie Sitze im Flugzeug haben? Und warum spielen Mathematiker kein Lotto? Wir werden der Mathematik dahinter auf den Grund gehen und dich davon überzeugen, wie mächtig das Werkzeug Mathematik im alltäglichen Leben ist.

Im dritten Teil soll es um die Art von Mathematik gehen, die dich ins Staunen versetzt. Wir beschäftigen uns mit Fragen wie: Wie oft muss man ein Blatt Papier falten, damit es bis zum Mond reicht? Ist die Erde wirklich so rund wie ein Golfball? Oder: Warum spielt die 1 so eine wichtige Rolle bei der Enttarnung von Steuerbetrügern? Und selbst, wenn das Thema einmal etwas komplizierter sein sollte: Wir werden es so erklären, dass du es verstehst – versprochen.

Wer mit einer positiven Einstellung an dieses Buch herangeht und sich darauf einlässt, wird am Ende drei feste Überzeugungen haben: »Ich kann Mathe!«, »Ich brauche Mathe!« und »Mathe ist alles andere als langweilig!«. Wir wünschen dir ganz viel Spaß mit diesem Buch, das wirklich von Herzen kommt.

TEIL 1
Auch du kannst Mathe

Aller Anfang ist schwer

Die Klausur war Ende Januar und am Vorabend wusste ich (Josef) bereits, dass das nichts werden würde, auch wenn ich es mir nicht eingestehen wollte. Der Druck war groß, denn die meisten meiner Kommilitonen, und insbesondere Johannes, waren deutlich besser vorbereitet. Ich ging mit einer Mischung aus Angst, Nervosität und Scham in die Klausur. Bisher hatte ich eigentlich jede Herausforderung meines Lebens und insbesondere jede Matheklausur mit Bravour gemeistert, wie war ich in diese verzweifelte Situation gekommen? Seit der Grundschule waren Johannes und ich schließlich von Mathe begeistert – und sind es immer noch.

Angefangen hatte alles mit »Eckenrechnen«, einem Spiel, das zwei Dinge vereint, die wir lieben: sportlichen Wettkampf und Mathematik. Bei dem Spiel stellt sich jeweils eine Schülerin oder ein Schüler in eine Ecke des Klassenzimmers. Die Lehrerin oder der Lehrer stellt jedem Kind eine Aufgabe, und wenn diese Aufgabe richtig gelöst wird, darf es eine Ecke weitergehen. Das erste Kind, das wieder an seiner ursprünglichen Ecke angekommen ist, hat gewonnen. Wir haben das Spiel geliebt und unsere Leidenschaft war geboren.

Unsere Liebe für die Mathematik wurde dann mit den ersten Funktionen auf der weiterführenden Schule richtig entfacht und als wir in der elften Klasse einen Leistungskurs wählen mussten, war die Entscheidung klar. Der Mathe-LK war auch einer der Gründe, warum wir beste Freunde wurden. Wir haben oft zusammen gelernt und gemeinsam Aufgaben gelöst, wir sind mit Leichtigkeit und Faszination durch den Unterricht spaziert und haben uns immer auf die Mathestunden gefreut. War das bei allen in unserem LK so? Nein! Die große Mehrheit unserer Mitschülerinnen und Mitschüler bereute die Wahl des LKs bereits nach kurzer Zeit. Sie bissen sich an vielen Aufgaben die Zähne aus und verzweifelten. Oft beobachteten wir, dass sie nach wenigen Versuchen prokrastinierten oder gleich das Handtuch schmissen. In unserem jugendlichen Leichtsinn und mit vielleicht etwas zu viel Selbstbewusstsein dachten wir: »Dann muss man es halt länger und intensiver probieren!« Eine grobe Fehleinschätzung, wie wir nach einigen Jahren schmerzhaft feststellen mussten.

Doch zuerst machten wir unser Abitur, räumten eine 1 (Johannes) beziehungsweise eine 1- (Josef) in der schriftlichen Mathe-Prüfung ab und verließen unsere kleine Heimatstadt für die nächstgrößere (Münster). So richtig wussten wir noch nicht, wo die Reise studientechnisch hingehen sollte, und was macht man logischerweise aus dieser Verlegenheit heraus? Genau, wir fingen mit BWL an - lernten etwas »Solides«. Schnell stellten wir jedoch - wenig überraschend - fest, dass das Einzige, was uns an BWL interessierte, die Mathe-Kurse waren, und so schwenkten wir nach einem unrühmlichen Semester schon wieder um auf Mathe fürs Lehramt. Richtig: next solid thing. Und das bedeutete, dass wir uns einem ganz neuen und sehr viel höheren Level der Mathematik widmeten. Ein kleiner Schocker, aber damals gab es zum Glück die Möglichkeit, einen Vorkurs zu besuchen. Dieser sollte dazu dienen, alle Studierenden zu Beginn auf dasselbe Level zu bringen. Die erste Erkenntnis am ersten Tag dieses Kurses: Wir gehören nun nicht mehr zu denen, denen alles zufliegt, ganz im Gegenteil. Mit großem Aufwand konnten wir uns im soliden Mittelfeld platzieren, es gab aber einfach viele, die besser waren als wir. »Okay, Herausforderung angenommen«, dachten wir uns. Also setzten wir uns jeden Tag hin und wiederholten die Aufgaben aus den Vorlesungen und Übungen. An mehreren Tagen in der Woche trafen wir uns auch mit Kommilitonen in einer Lerngruppe.

Und trotzdem: Von Woche zu Woche merkte ich (Josef) immer mehr, wie ich den Anschluss verlor. Wenn ich einzelne Inhalte nicht verstand und in der Gruppe fragte, kam oft folgende Antwort: »Hä, wieso, ist das denn nicht klar!?« Und ich erkannte, dass ich meinen damaligen Mitschülerinnen und Mitschülern aus dem Mathe-LK unrecht getan hatte. Nur weil man etwas oft wiederholt, versteht man es nicht automatisch, und das führt nicht zu mehr Leistung, sondern zu Selbstzweifeln – und am Ende zu Prokrastination. Viele Aufgaben waren mir nämlich plötzlich alles andere als klar, die Erfolgserlebnisse blieben aus, ich geriet in eine Spirale der Demotivation, mein Selbstvertrauen litt.

In den letzten 6 Wochen vor den Klausuren lernte ich wie ein Verrückter, jeden Tag 10 Stunden. Zumindest dachte ich das, denn in der Rückschau betrachtet, ist es sehr wahrscheinlich, dass ich häufig einfach nur meine Lernzettel anstarrte und den »Lernprozess« über mich ergehen ließ.

Die Klausuren rückten immer näher, und das Selbstvertrauen wurde immer geringer. Nach außen gab ich mich dennoch siegessicher und ruhig. Ich wollte auf keinen Fall die gut gemeinte Aufmunterung meiner Mitmenschen, geschweige denn ihr Mitleid. Die erste Klausur, die anstand, war Analysis 1. Nach etwa 20 Minuten war klar, dass es nicht gereicht hatte. Das Schlimme: Die Ergebnisse kamen bereits am selben Tag. Abends las ich es dann schwarz auf weiß: 5,0! Während neben Johannes' Matrikelnummer 1,7 stand. In diesem Moment war das Gefühl von Scham überwältigend. Die Eltern, Johannes, die Kommilitonen, was dachten nun alle über mich? Ich fühlte mich leer und ratlos, doch schon am nächsten Tag ging es direkt in die Vorbereitung für die zweite große Klausur, Lineare Algebra 1.

Und habe ich aus meinen Fehlern gelernt? Ihr ahnt es bereits: Nein, genau derselbe Teufelskreis aus Rereading, Nichtverstehen, Prokrastination und Angst setzte von Neuem ein. Folglich war auch das Ergebnis dieser Klausur dasselbe niederschmetternde: wieder eine 5,0! Ich war damit durch alle Matheklausuren des Semesters gefallen. Das war definitiv ein Tiefpunkt. Wie sollte es nun weitergehen? Ich zweifelte daran, das Studium jemals zu schaffen, sowie überhaupt an meinen Fähigkeiten. Ehrlicherweise war mein Selbstvertrauen mittlerweile so gering, dass ich dachte: »Mathe kann ich nicht.«

Ich brauchte einige Tage, um mich von der Niederlage zu erholen. Glücklicherweise ist es im Mathestudium so, dass nach der Klausurphase die Semesterferien beginnen und am Ende der Semesterferien die Möglichkeit für einen Zweitversuch besteht. Ich hatte also gute 8 Wochen, um mich auf die nächste Klatsche vorzubereiten. Eine Woche nach der zweiten 5,0 überlegte ich mir also, wie ich das Ganze nun angehen sollte. Ich sprach mit meinen Eltern, meiner Freundin und meinen besten Freunden und hatte das große Glück, dass diese Menschen mein Selbstvertrauen aufbauten und mich mit aller Kraft unterstützten. Also überlegte ich mir einen Plan, wie ich die beiden Nachholtermine schaffen könnte. Ich las viel über Lernmethoden, beschäftigte mich mit Persönlichkeitsentwicklung und Motivation und fragte außerdem Menschen um Rat, die in diesen Bereichen viel weiter waren, wie etwa Johannes oder meinen Vater.

Ich erstellte einen 6-Wochen-Plan, mit dem ich beide Klausuren meistern wollte, und es passierte etwas Erstaunliches: Mit den

Methoden und der Herangehensweise, die ich wählte, kam auch die Freude an der Mathematik zurück. Ich hatte immer wieder kleine Erfolgserlebnisse und baute mich so selbst wieder auf. Dadurch traute ich mich auch an komplexe Aufgaben heran und verlor die Angst vor ihnen. Es ging für mich in eine Aufwärtsspirale. Je näher die Klausuren kamen, desto mehr Spaß hatte ich an den Inhalten und desto öfter fragte ich mich, warum ich mich zuvor so blockiert gefühlt hatte. Als die Nachholklausuren unmittelbar bevorstanden, konnte ich es kaum erwarten, allen zu zeigen, wie sehr ich mich verbessert hatte – und ich bestand letztendlich beide Prüfungen mit Leichtigkeit. Ein unfassbares Gefühl. Ich war wie ausgewechselt und traute mir selbst viel mehr zu. Ich hatte eine wichtige Lektion fürs Leben gelernt, nämlich, dass die richtige Lernmethode auch den Spaß an der Materie weckt, was zu Erfolgserlebnissen führt und zu mehr Selbstbewusstsein. Ich hatte mir selbst bewiesen, dass ich es kann, und bin seitdem der Überzeugung: Mathe kann jeder – auch du.

Es braucht dazu als Fundament lediglich die richtige Lernmethode und die zeigen wir dir in den folgenden Kapiteln.

Eine Frage der Einstellung – Was du von Michael Jordan über Mathe lernen kannst

Michael Jordan ist der wohl bekannteste und einer der besten – wenn nicht sogar der beste – Basketballspieler aller Zeiten. Mit den Chicago Bulls holte er sechsmal den NBA-Titel und wurde sechsmal zum besten Spieler der Finalserie gewählt. Etliche Male versenkte er den spielentscheidenden Wurf für sein Team. Zweimal gewann er mit dem Team der USA eine Goldmedaille bei den Olympischen Spielen. 2009 wurde Jordan dann in die Hall of Fame des Basketballs aufgenommen. Eine Erfolgsgeschichte durch und durch, oder?

Definitiv nicht. In den 1970-er Jahren schaffte es Jordan nicht einmal in das Basketballteam seiner Highschool. Auf seine spielentscheidenden Würfe angesprochen, sagte er einmal Folgendes: »Ich habe in meiner Karriere mehr als 9000 Würfe verfehlt. Ich habe fast 300 Spiele verloren. 26-mal wurde mir der spielentscheidende Ball anvertraut und ich habe nicht getroffen. Ich bin immer und immer wieder in meinem Leben gescheitert. **Und das ist der Grund, warum ich es geschafft habe.**«[1]

Jeder Mensch auf dieser Welt erlebt Niederlagen, und vieles gelingt nicht beim ersten Mal. Auch ein Michael Jordan ist davon nicht ausgenommen. Es gibt sogar sehr viele Personen, die im Leben große Rückschläge einstecken mussten, bevor sie ihren Durchbruch schafften. Hier nur einige von ihnen:

- **Thomas Alva Edison** machte über 1000 erfolglose Versuche, bevor er schließlich die Glühbirne erfand. Anstatt sich von den Fehlschlägen entmutigen zu lassen, gab er nie auf, versuchte es immer wieder und war am Ende erfolgreich.
- Bevor sie mit *Harry Potter* weltberühmt wurde, war **J. K. Rowling** eine alleinerziehende Mutter, die von Sozialhilfe lebte. Ihr Manuskript wurde von mehreren Verlagen abgelehnt, bevor es schließlich ein Weltbestseller wurde.
- **Walt Disney** wurde von einem Zeitungsredakteur gefeuert, weil er angeblich keine guten Ideen hatte. Später ging sein erstes Animationsstudio bankrott. Heute ist das Disney-Imperium mehrere Milliarden Dollar wert und jeder von uns kennt die wunderschönen Disney-Geschichten.

Was haben all diese Menschen gemeinsam? Eine unerschütterliche positive Einstellung und einen unermüdlichen Glauben an sich selbst. Anstatt den Kopf in den Sand zu stecken und aufzugeben, vertrauten sie zu jeder Zeit auf ihre Fähigkeiten und versuchten es so lange, bis sie ihr Ziel erreicht hatten. Und keine Niederlage hat sie davon abbringen können.

Was haben diese Geschichten aber mit Mathe zu tun? Vielen Menschen geht es im Hinblick auf die Mathematik so wie Thomas Alva Edison mit seiner Glühbirne. Sie versuchen es wieder und wieder, aber es will einfach nicht klappen. Immer wieder ist das Ergebnis falsch, die Erklärung des Lehrers ergibt keinen Sinn oder sie sitzen vor einer Aufgabe und wissen nicht, wie sie anfangen sollen, um sie zu lösen.

Auch wir hatten immer wieder Momente, in denen wir ein Thema nicht auf Anhieb verstanden haben. Zum Beispiel Aufgaben in Klassenarbeiten, bei denen wir nicht sofort wussten, wie wir sie lösen sollten. Aber unsere positive Einstellung und der feste Glaube an uns selbst haben dazu geführt, dass wir es am Ende doch geschafft haben.

Wenn du ein Thema nicht auf Anhieb verstehst, dann liegt es nicht daran, dass du »kein Mathe kannst« und »zu untalentiert« zum Rechnen bist. Es liegt aber an dir, wenn du nach einem Rückschlag mit der Überzeugung »Ich kann's einfach nicht« aufgibst. Du kannst dich auch dafür entscheiden, weiter am Ball zu bleiben und es so lange zu versuchen, bis es klappt.

Das ist nicht immer einfach, keine Frage. Es wird Momente geben, in denen du 4-mal versuchst, komplizierte Brüche zu kürzen, und es kein einziges Mal funktioniert. Momente, in denen dir deine Freunde und Bekannten sagen, dass sie es auch nie verstanden haben und man es einfach lassen sollte. Und genau das sind die Momente, in denen sich entscheidet, ob du zu der Person wirst, die es weiter versucht und dann versteht (Growth Mindset), oder ob du einfach aufgibst und dein Leben lang Angst vor Mathematik haben wirst (Fixed Mindset). Hinter 4 erfolglosen Versuchen, in denen du die Aufgabe nicht lösen konntest, wartet nämlich ein Aha-Moment beim 5. Versuch, der dazu führt, dass der Knoten platzt und du weitere Aufgaben auf Anhieb lösen kannst.

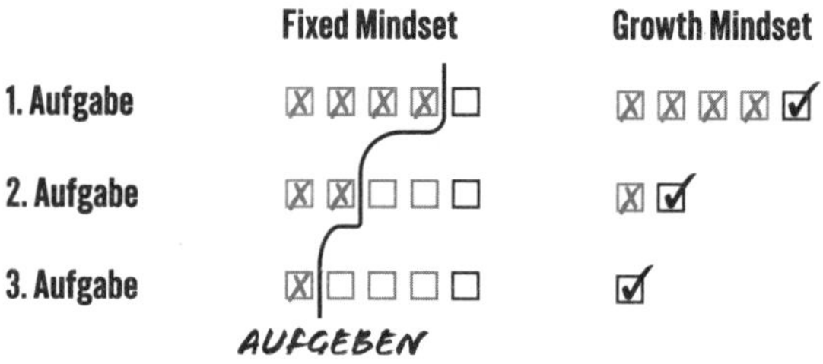

Mache dir Folgendes klar: Die Zeit, die du in eine Matheaufgabe investierst, ist **nie** umsonst. Sie bringt dir in jedem Fall eine Erkenntnis. Je mehr Wege du kennst, die nicht funktionieren, desto weniger Möglichkeiten bleiben übrig und unter ihnen ist der eine Weg, der funktioniert. Eine neue Matheaufgabe kannst du dir wie ein großes Labyrinth vorstellen. Einige haben einen guten Orientierungssinn und mit ein wenig Glück finden sie sofort den richtigen Ausgang. Andere müssen sich mühsam durch das Labyrinth kämpfen und brauchen sehr viel länger. Aber jedes Labyrinth hat einen Weg, der nach draußen führt, und wenn man es immer wieder versucht und neue

Pfade ausprobiert, dann wird man ihn finden. Und das Beste ist: Bei jeder Rechenaufgabe zu einem bestimmten Thema wirst du - um bei unserer Metapher zu bleiben - wieder am selben Punkt des Labyrinths ausgesetzt, und mit der Zeit wirst du dich an die Pfade erinnern, die zum Ziel oder eben nicht zum Ziel führen. Irgendwann kennst du den Weg dann also im Schlaf.

Ein kleiner Tipp von uns: Manchmal bewirken Pausen wahre Wunder. Wenn du bei einer kniffligen Aufgabe einfach nicht auf die Lösung kommst, dann nimm dir die Zeit und gönn dir eine ausgiebige Pause, in der du deinen Kopf freikriegst. **Aber Achtung: Pause ≠ Handy**. Schau dir die Aufgabe erst dann noch einmal an, wenn du dich wirklich erholt und frisch im Kopf fühlst, und versuche es mit ein paar neuen Ansätzen. Du wirst dich, genau wie wir, wundern, wie viel so eine Pause ausmachen kann.

Du bist, was du denkst

Alle Entscheidungen, die wir treffen, basieren auf grundsätzlichen Überzeugungen, die wir über uns selbst und die Welt um uns herum verinnerlicht haben. Während einige positiv sind und uns im Alltag helfen, wie etwa »Ich esse gesund, weil ich der Überzeugung bin, dass es mir dabei hilft, in meinem Alltag mehr Energie zu haben und ein langes Leben zu führen«, haben sich auch einige negative Glaubenssätze in unsere Köpfe eingeschlichen, die uns den Alltag erschweren. Ein solcher Satz könnte etwa sein »Ich kann kein Mathe«. Solche

Überzeugungen haben viel stärkere und weitreichendere Auswirkungen auf unser Empfinden und unser Handeln, als wir glauben.

Das beste Beispiel dafür ist der Placeboeffekt. Während der heftigen Kämpfe des Zweiten Weltkriegs befand sich der amerikanische Militärarzt Dr. Henry Beecher in einem Feldlazarett, umgeben von verwundeten Soldaten. Als er ihnen Morphium verabreichen wollte, um ihre Schmerzen zu lindern, stellte er mit Entsetzen fest, dass sein Vorrat aufgebraucht war. In seiner Not griff er zu einer Kochsalzlösung und versicherte den Soldaten, es sei ein wirksames Schmerzmittel. Nach der Injektion berichteten, zu Dr. Beechers Erstaunen, viele von einer spürbaren Schmerzlinderung und das, obwohl sie nicht einen Tropfen Schmerzmittel erhalten hatten. Nur durch die Kraft ihrer Gedanken und Überzeugungen wurden ihre starken Schmerzen gelindert.[2]

Und nun stell dir einmal vor, was die negative Überzeugung »Ich kann kein Mathe« alles bei dir anrichten kann …

Deine Gedanken beeinflussen deine Gefühle und Handlungen, die wiederum deine Ergebnisse beeinflussen. Gehen wir einmal davon aus, dass deine feste Überzeugung ist, Mathe nicht zu können. Wie handelst du dann, wenn eine Matheaufgabe vor dir liegt, die du nicht auf Anhieb lösen kannst? Du wirst aufgeben. Denn warum solltest du noch mehr Zeit in die Aufgabe investieren, wenn du doch ohnehin kein Mathe kannst?! Das wäre ja nur Zeitverschwendung. Dieses Verhalten führt dazu, dass du das Thema tatsächlich nicht verstehen wirst, und das wiederum bestärkt deine Überzeugung, Mathe nicht zu können - ein Teufelskreis.

Stell dir vor, ein kleines Baby würde so denken und hätte die Einstellung »Ich kann nicht laufen«. Es hätte alles Recht der Welt dazu, denn schließlich ist es noch nie gelaufen. Mit dieser Überzeugung würde es nach den ersten erfolglosen Laufversuchen sofort wieder aufgeben, denn die Misserfolge haben es ja nur in seiner Überzeugung bestätigt. Das Ergebnis: Das Baby wird nie laufen lernen. Wie aber sieht es in der Realität aus? Babys sehen bei all ihren Mitmenschen, dass diese laufen können, und werden bei jedem noch so kleinen Lauferfolg von ihren Eltern gelobt. Ihnen wird die feste Überzeugung mit auf den Weg gegeben, dass sie laufen lernen können. Und so versuchen sie es wieder und wieder. Zehnmal, hundertmal, tausendmal. Sie werden niemals aufgeben, denn sie sind der festen Überzeugung, dass sie es schaffen. Und was passiert am Ende? Sie können es tatsächlich. Und wenn kleine Kinder es lernen können zu laufen, dann kann auch jeder von uns es lernen, die Mathematik zu verstehen. Dahinter muss nur die feste Überzeugung stehen: »Ich kann Mathe!«

Jetzt weißt du auch, woher wir unseren Leitsatz »Mathe kann jeder, wir wollen es beweisen!« haben. Wir sind fest von dieser Aussage überzeugt und möchten sie in den Kopf eines jeden Menschen bringen. Häufig reagieren die Leute aber kritisch darauf. »Warum erzählt ihr so einen Schwachsinn? Ich kenne genug Leute, die kein Mathe können.« Stell dir einmal vor, unser Motto wäre »Mathe können die meisten, wir wollen es beweisen«. Was würde dann bei Menschen passieren, die Mathe nicht auf Anhieb verstehen und ein paar Rückschläge einstecken müssen, bevor es ›klick‹ macht? Sie würden sich selbst zu den paar Menschen zählen, die Mathe scheinbar nicht können, und zu einem gewissen Zeitpunkt aufgeben. Mit der Überzeugung »Mathe kann **jeder**!« möchten wir keinen Freiraum zum Aufgeben lassen und jeden Einzelnen von Anfang an dazu motivieren, mit der richtigen Überzeugung in Mathe durchzustarten.

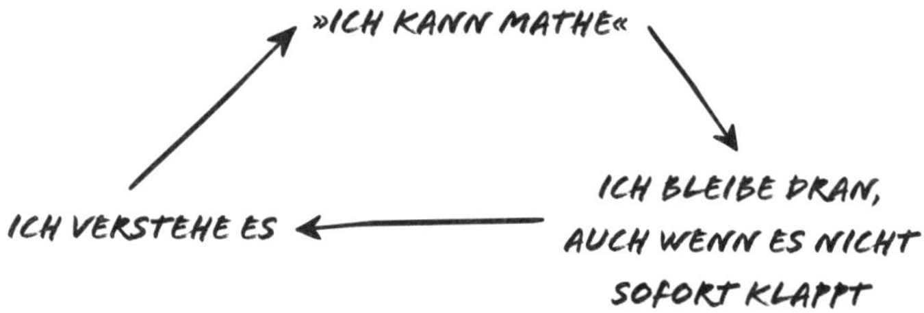

Gehst du nämlich erst einmal davon aus, dass du Mathe kannst, sieht der Kreislauf plötzlich ganz anders aus. Mit dieser Überzeugung wirst du weitermachen, auch wenn du nicht sofort die Lösung zu einer Aufgabe findest. Und genau dieses Weitermachen führt am Ende dazu, dass du das Thema verstehst und die Überzeugung »Ich kann Mathe« in Form einer Aufwärtsspirale immer weiter bestärkst.

Tipps für Eltern
Aus diesen Gründen ist es besonders wichtig, einem Kind von Anfang an die richtigen Überzeugungen mit auf den Weg zu geben. Sätze wie »Ich konnte auch schon kein Mathe« oder »Ich habe Mathe damals gehasst« brennen

sich in die Köpfe der Kinder ein und lassen eine große mentale Hürde entstehen, die in ihrer Folge zu viel Kummer, Bauchschmerzen und Streit in der Familie führen kann. Und das möchten weder Eltern noch Kinder.
Wir haben solche Sätze glücklicherweise kein einziges Mal von unseren Eltern gehört. Mathe wurde uns von klein auf als etwas Spannendes, Spaßiges verkauft. Beispielsweise hat Josef schon im jungen Alter die Quersumme von Zahlen auf Autokennzeichen mit seiner Familie um die Wette gebildet. Das gibt Kindern erste motivierende Anknüpfungspunkte mit der Mathematik, die sich auf ihre Grundeinstellung auswirken. (Außerdem hält es sie auf langen Autofahrten beschäftigt ;-).)
Es hilft also enorm, wenn nicht nur die Kinder, sondern auch Eltern eine von Grund auf positive Einstellung haben - auch wenn es um Mathematik geht. Denn ob Eltern es wollen oder nicht, jede Äußerung gegenüber ihren Kindern hat große Auswirkungen - bewusst oder unbewusst. Das zeigt auch das folgende Experiment.

Das Rattenexperiment

Dr. Robert Rosenthal, ein deutschamerikanischer Psychologe mit scharfem Auge für die Nuancen des menschlichen Verhaltens, beschäftigte sich bereits in den 1960er-Jahren mit einem ungewöhnlichen Forschungsgegenstand: Ratten. Dazu führte er ein höchst interessantes Experiment durch, in dem er Studierende in zwei Gruppen einteilte und ihnen Ratten aushändigte.

Der einen Gruppe wurde gesagt, sie hätten »besonders intelligente« Ratten erhalten, die beim Lotsen durch ein Labyrinth hervorragend abschneiden würden. Der anderen Gruppe erzählte man, ihre Ratten seien »durchschnittlich« und könnten nicht so schnell durch das Labyrinth gelotst werden. In Wirklichkeit aber hatten alle Ratten den gleichen Gen-Stamm und wurden zufällig verteilt. Die Studierenden wurden dann aufgefordert, ihre Ratten so schnell wie möglich durch eine Reihe von Labyrinthen zu führen. Das Ergebnis? Die Ratten, von denen angenommen wurde, dass sie intelligent waren, schnitten tatsächlich besser ab als die »durchschnittlichen« Ratten. Aber warum? Wenn doch alle Tiere gleich waren? Die Antwort lag in den Händen der Studierenden. Ihre Erwartungen hatten die Interaktion mit den Ratten unbewusst beeinflusst.[3] Warum aber haben Gedanken und Überzeugungen einen so großen Einfluss auf unser Handeln und dessen Folgen? Um diese Frage zu beantworten, kannst du dir selbst eine andere Frage stellen: Hast du gerne recht? Wahrscheinlich ja, denn ist es nicht ein wunderschönes Gefühl, wenn dir jemand zustimmt? Auch unser Gehirn mag es, recht zu haben. Wenn es von etwas überzeugt ist, dann sucht es fleißig Beweise für diese Überzeugung.

Dazu passt ein kurzes Experiment. Nimm dir jetzt 10 Sekunden Zeit, um dir so viele weiße Gegenstände wie möglich in deiner Umgebung zu merken ... Nun schließe deine Augen und nenne so viele Gegenstände, wie du dir merken konntest. Wenn du das gemacht hast, schließe deine Augen sofort erneut und nenne nun so viele schwarze Gegenstände, wie du kannst. Nun schaue dich noch einmal in deiner Umgebung um und achte darauf, wie unglaublich viele schwarze Gegenstände es dort gibt, die du nicht wahrgenommen hast, weil du dich auf die weißen Gegenstände konzentriert hast. Genau nach demselben Prinzip filtert unser Gehirn auch unsere Umgebung im Hinblick auf unsere Überzeugungen und Erwartungen. Wenn deine Überzeugung lautet »Ich kann kein Mathe«, dann wird dein Gehirn auch nur die Indizien wahrnehmen, die dafür sprechen, dass du es nicht kannst. Wenn du allerdings deinen Blickwinkel und deine Überzeugung änderst und fest daran glaubst, dass du Mathe kannst, dann wirst du plötzlich viele Indizien wahrnehmen, die dafür sprechen, dass du es tatsächlich kannst. Hier eine kleine Starthilfe von uns:

- Du hast schon so viele Dinge in deinem Leben gelernt, von denen du anfangs keine Ahnung hattest. Laufen, lesen, Fahrrad fahren ... Warum sollte es beim Thema Mathe anders sein?
- Es gab sicher schon viele Personen, die in einer schlechteren Mathelage waren, als du es gerade bist, und die sich erfolgreich daraus befreit haben. Was ist also deine Ausrede, es nicht zu schaffen?

Und falls du nach diesem Kapitel immer noch nicht davon überzeugt bist, dass dein Mindset über deine Ergebnisse entscheidet, dann stell dir einmal diese eine Frage: Was hast du zu verlieren, wenn du ab jetzt mit einer positiven Einstellung an die Mathematik herangehst?

Schon wieder falsch? Sehr gut! – Warum Fehler gerade in Mathe wichtig sind

In den 1920er-Jahren forschte der schottische Bakteriologe Alexander Fleming an Staphylokokken, einer Art von Bakterien, die etwa Hautinfektionen verursachen können. 1928 kehrte er nach einem Urlaub in sein Labor zurück und bemerkte, dass er aus Versehen eine seiner Petrischalen mit Staphylokokkenbakterien nicht weggeräumt hatte. Nun war die Kultur von einem Schimmelpilz befallen. Anstatt sich über seinen Fehler zu ärgern und die kontaminierte Kultur wegzuwerfen, betrachtete Fleming sie genauer und stellte fest, dass die Bakterien um eine bestimmte Schimmelpilzkolonie herum abgetötet worden waren. Dieser Schimmelpilz gehörte zur Gattung *Penicillium*, und Fleming begann, ihn weiter zu untersuchen. Er stellte fest, dass der Schimmelpilz eine Substanz produzierte, die die Bakterien abtötete. Er nannte diese Substanz »Penicillin« – daraus entstand das erste Antibiotikum, das Millionen von Menschenleben retten sollte.

Genau wie Alexander Fleming können auch wir die Chance nutzen, die uns Fehler eröffnen. Denn sie zeigen uns, welche Wege nicht funktionieren, in welchen Bereichen wir noch Wissenslücken haben und was wir noch einmal wiederholen sollten.

Laut einer Studie[4] ist die optimale Fehlerquote zum Lernen dann erreicht, wenn 85 % der Aufgaben richtig beantwortet werden und 15 % falsch. Denn so haben wir einerseits schon viele Erfolgserlebnisse, andererseits bekommen wir aber auch konkretes Verbesserungspotenzial aufgezeigt, das uns dazu motiviert, noch besser zu werden. Sind immer 100 % der Aufgaben richtig, die wir lösen, dann ist das vielleicht auf den ersten Blick schön, fordert uns aber nicht heraus und wir haben keinen Ansporn, etwas Neues zu lernen. Ist die Fehlerquote zu hoch, dann lernen wir ebenso wenig Neues, weil es uns frustriert und demotiviert. Die Entwickler von Computer- und Handyspielen nutzen dieses Prinzip sehr erfolgreich. Das Schwierigkeitslevel eines Spiels passt sich immer den individuellen Fertigkeiten an und bleibt gerade so schwierig, dass es die Spielerinnen und Spieler herausfordert, das nächste Level zu erreichen, aber es ist nie so schwierig, dass man frustriert aufgibt.

Damit wollen wir sagen: Wenn du eine Aufgabe nicht richtig löst, dann mache dir klar, dass dir dieser Fehler dabei hilft, besser zu werden. Und Achtung: Ein falsches Ergebnis heißt nicht sofort, dass die gesamte Aufgabe falsch gelöst ist. Konzentriere dich nicht nur auf die finale Lösung, sondern schaue dir immer die gesamte Aufgabe an, um deine Fähigkeiten realistisch einschätzen zu können. Konzentriere dich zunächst auf das, was du schon kannst, bevor du dich dem Fehler widmest, und du wirst feststellen, dass du schon viel mehr kannst, als du denkst.

In einer Studie von Eskreis-Winkler und Fishbach (University of Chicago) wurde nachgewiesen, dass der Fokus auf die Dinge, die richtig gemacht wurden, viel nachhaltiger und erfolgversprechender ist als der reine Fokus auf Fehler. Es wurden zwei Gruppen gebildet und den Teilnehmenden jeweils dieselben Fragen gestellt. Die Mitglieder der einen Gruppe bekamen nur Feedback, wenn sie eine Frage richtig beantwortet hatten. Die Teilnehmenden der anderen Gruppe bekamen hingegen nur Feedback, wenn sie eine Frage falsch beantwortet hatten. In einem zweiten Durchgang wurden den Teilnehmenden dieselben Fragen noch einmal gestellt. Das Ergebnis: Zwar verbesserten sich beide Gruppen, die Gruppe, in der der Fokus auf den richtigen Antworten lag, schnitt jedoch besser ab als die Gruppe, in der der Fokus auf den falschen Antworten lag.[5]

Auch in der Schule und in unserer Gesellschaft allgemein liegt der Fokus häufig lediglich auf den Fehlern, die eine Person macht. Wenn ein Schüler ein Zeugnis mit fünf Einsen, vier Zweien und zwei Fünfen bekommt, geht es in der Regel nur um die zwei Fünfen und wie man sie wieder loswird, anstatt die hervorragenden restlichen Noten des Zeugnisses hervorzuheben. Kinder haben nicht selten Angst, sich im Unterricht zu melden, weil sie befürchten, ausgelacht zu werden, wenn sie etwas Falsches sagen. Dass sie sich gerade getraut haben, vor 30 Leuten ihre Lösung zu präsentieren, wird als selbstverständlich hingenommen und nicht honoriert. Wenn der

Lösungsweg einer Schülerin oder eines Schülers anders ist als der der Lehrperson, dann lautet die Antwort meist: »Das ist der falsche Weg und viel umständlicher. Mach das so ...« Nicht: »Sehr kreativer Lösungsweg, der dir eingefallen ist. Lass uns mal verschiedene Lösungswege vergleichen und dann schauen, welche Vor- und Nachteile die Wege haben und welche Methode wir am besten nutzen können.« Wir müssen endlich damit anfangen, unseren Fokus als Gesellschaft auf das Positive und die Stärken eines Menschen zu legen, statt immer zuerst auf die Schwächen und Fehler zu schauen. Nur wenn wir einen Fehler »gerne« machen, trauen wir uns, ihn näher unter die Lupe zu nehmen, und haben die Chance, etwas zu lernen. Denn ob wir es wahrhaben wollen oder nicht – in Fehlern steckt nun mal das größte Lernpotenzial. Lasst uns das endlich nutzen!

Das schlechtere Ergebnis der »Fehler-Gruppe« aus der vorher erwähnten Studie ist nur darauf zurückzuführen, dass sich die Teilnehmenden angegriffen fühlten, als sie das direkte Feedback zu ihren Fehlern erhielten. Wiederholte man das Experiment und die Teilnehmenden sahen nur dabei zu, wie jemand anders positives beziehungsweise negatives Feedback zu den Antworten erhielt, schnitten die beobachtenden Personen bei der darauffolgenden Befragung gleich gut ab.

Aufgrund der Studienergebnisse legen wir den Fokus in unseren Nachhilfestunden auch immer zuerst auf die richtig gelösten Passagen, bevor wir die Fehlerquelle suchen. So gehen die Schülerinnen und Schüler mit einer viel positiveren und offeneren Einstellung an ihre Fehler heran und verlieren nie aus dem Blick, was sie schon alles können.

Fehleranalyse

In der Mathematik gilt der schöne Grundsatz: »Je häufiger man einen Fehler macht, desto seltener macht man ihn.« Du kannst also gar nicht genug Fehler machen. Denn jeder Fehler zeigt dir, wie man es nicht machen sollte. Und wenn du nur genug Fehler machst und diese entsprechend reflektierst, dann kennst du alle Fallstricke und weißt ganz genau, was zu tun und was nicht zu tun ist.

Aus der Berichtigung von Klassenarbeiten kennen wir meist nur folgenden Mechanismus zum Umgang mit Fehlern:

1. die falsch gelöste Aufgabe finden,
2. bei der falsch gelösten Aufgabe noch einmal den richtigen Lösungsweg aufschreiben.

Wie gut und nachhaltig das funktioniert, hast du bestimmt schon selbst erfahren – nämlich gar nicht. Es gibt nichts Schlimmeres, als Aufgaben ohne Sinn und Verstand einfach noch einmal aufzuschreiben (diesmal fehlerfrei), ohne die zuvor gemachten Fehler zu hinterfragen und Taktiken zu entwickeln, um sie nicht noch einmal zu machen. Hier kommt deswegen eine Anleitung für dich, die dir wirklich dabei hilft, mit Fehlern umzugehen, damit sie in Zukunft nicht wieder auftreten.

1. Den Fokus auf das Positive richten

Bevor du dich deinem Fehler widmest, solltest du dich erst einmal auf das konzentrieren, was du schon richtig gemacht hast. Schnell wirst du feststellen, dass das deutlich mehr ist, als du zunächst dachtest. Das gibt dir das richtige Selbstbewusstsein, um die Analyse deines Fehlers anzugehen.

2. Fehler finden

Es klingt zwar eindeutig, ist es aber leider in der Realität nicht immer. Wenn du in einer Aufgabe nicht auf das richtige Endergebnis kommst, dann ist es wenig zielführend zu sagen, dass du das gesamte Thema nicht verstanden hast und es wiederholen musst. Das stimmt nämlich meist nicht. Häufig stimmt das Endergebnis nur deshalb nicht, weil du in den vorherigen Rechenschritten einen Fehler gemacht hast. Du musst dich also zu Beginn auf die Suche nach dem ersten Fehler machen, den du in der Aufgabe gemacht hast. Er ist der Fehler, der deine ganze Aufmerksamkeit erhalten sollte.

3. Was für einen Fehler habe ich gemacht oder: Stimmt mein Fehlerverhältnis?

Fehler ist nicht gleich Fehler. Schau dir im zweiten Schritt genau an, ob dein Fehler wirklich ein Fehler ist, der sich auf das aktuelle Thema bezieht, oder ob es ein Fehler ist, der aus einem vorherigen Themenbereich stammt. Falls du unsicher bist, kann das Fehlerverhältnis ein guter Indikator dafür sein. Befindest du dich bei all den Aufgaben zum aktuellen Thema ungefähr im angesprochenen 85/15-Verhältnis, dann bist du super unterwegs. Machst du deutlich mehr Fehler und bist deshalb demotiviert, dann ist das für dich ein Zeichen, dass du eine alte Wissenslücke schließen musst, bevor du weitermachen kannst. Wenn du dich dann erneut mit dem aktuellen Thema auseinandersetzt, sollte das 85/15-Verhältnis wiederhergestellt sein. Ist es das immer noch nicht, existiert diese oder eine andere alte Wissenslücke immer noch.

4. Wissenslücke schließen

Nun ist der richtige Zeitpunkt, um sich deinem Fehler zu widmen und die Wissenslücke zu schließen. Weil dieses Schließen der Wissenslücken eine der wichtigsten Aufgaben in Mathe ist, haben wir ihm das nächste Kapitel gewidmet. Dort erhältst du eine genau Anleitung.

Doch warum sind Wissenslücken so zentral? Das zeigen wir dir schon jetzt an einem kleinen Beispiel.

Stell dir eine Treppe vor. Jede Stufe auf dieser Treppe steht für ein bestimmtes Mathethema und du gehst Stufe für Stufe nach oben. Verstehst du mal ein paar Inhalte nicht, musst du für das nächste Thema plötzlich zwei Stufen auf einmal gehen, was meist nicht funktioniert. Bei den darauffolgenden Inhalten sind es dann plötzlich schon drei Stufen und es kommt das Gefühl auf, »Mathe nicht zu können«. Kommt man nun bei einer Rechenaufgabe auf ein falsches Endergebnis, dann wäre es falsch, daraus zu schließen, dass man nur das aktuelle Thema nicht verstanden hat und versuchen muss, dieses zu wiederholen. Dann versuchst du nämlich die ganze Zeit, drei Stufen auf einmal zu überwinden. Richtig wäre es, auf die erste Stufe, die nicht verstanden wurde, zurückzugehen und diese zu wiederholen, um Stufe für Stufe das aktuelle Niveau zu erreichen.

5. Mechanismus zur Fehlervermeidung entwickeln

Wenn du nun deine Wissenslücke geschlossen hast, dann ist es wichtig, einen Mechanismus einzuführen, der dir dabei hilft, diesen Fehler in Zukunft nicht wieder zu machen. Es sollte eine Art Kontrollmechanismus sein, der sicherstellt, dass du alles richtig gemacht hast. Denn Fehler darf man machen, man sollte aber nie ein und denselben Fehler zweimal machen. Am besten, du überlegst dir einen »Wenn ..., dann ...«-Mechanismus.

Beispiel Du hast herausgefunden, dass ein Fehler beim Addieren von Brüchen geschehen ist, und hast diese Wissenslücke geschlossen. Um nun sicherzustel-

len, dass dir ein solcher Fehler nicht wieder passiert, könnte dein Mechanismus zur Fehlervermeidung so aussehen:
Du schreibst dir eine kurze Checkliste zu allen Schritten, die man beachten muss, wenn man zwei Brüche addiert. Diese Checkliste legst du nun bei jeder Rechenaufgabe neben deine Unterlagen und immer, **wenn** du zwei Brüche addierst, nimmst du sie direkt zur Hand und befolgst alle Schritte darauf. So erstickst du jeden Fehler im Keim, und es schleichen sich keine falschen Rechenmuster ein. Deinen »Wenn ..., dann ...«-Mechanismus musst du natürlich nicht ein Leben lang nutzen, wenn du zwei Brüche addierst. Meist reicht es aus, ihn in den ersten zwei Wochen akribisch anzuwenden, und ab dann passiert das ganz automatisch in deinem Kopf.

6. Die Aufgabe noch einmal rechnen

Erst jetzt ist der Zeitpunkt gekommen, die Aufgabe noch einmal durchzurechnen. Nun hast du deinen Fehler wirklich verstanden, hast einen Mechanismus entwickelt, um ihn in Zukunft zu vermeiden, und kannst die Aufgabe richtig lösen. Falls du trotzdem wieder auf ein falsches Ergebnis kommen solltest, ist das für dich eine tolle Möglichkeit, um mit dem gezeigten Verfahren die nächste Fehlerquelle auszumachen und zu eliminieren.

Ist das manchmal zeitintensiv? Ja, natürlich. Aber je eher du damit anfängst, desto weniger Zeit musst du aufwenden, da alle Wissenslücken frühzeitig geschlossen und alle Fehlerquellen direkt eliminiert werden. Und wer denkt, dass ihm das Verfahren zu lange dauert, der sollte sich fragen, was schlimmer ist: sich einmal die Zeit zu nehmen, den Fehler zu analysieren, das

Thema zu verstehen und einen Mechanismus zu entwickeln, der dazu führt, dass man ihn in Zukunft nie wieder macht. Oder den Fehler immer wieder zu machen, ohne ihn zu hinterfragen, und ständig auf falsche Ergebnisse zu kommen, um dann mit Bauchschmerzen in die Klassenarbeiten zu gehen?

Also:

1. Falls du einen Fehler machst, richte dein Augenmerk vor allem darauf, was du schon alles richtig gemacht hast. Das motiviert dich und vermittelt ein realistisches Bild deiner Fähigkeiten.
2. Achte auf dein Fehlerverhaltnis. Liegt es bei 85/15, dann bist du im perfekten Bereich unterwegs und solltest genau so weitermachen.
3. Verbessere deinen Fehler mithilfe unserer Fehleranalyse und beweise Durchhaltevermögen. Dann versprechen wir dir, dass du alles, was du in Mathe verstehen möchtest, auch Schritt für Schritt verstehen wirst.

Und zum Schluss noch eine Bitte an dich: Wir alle müssen daran arbeiten, Fehler als etwas Positives zu sehen. Bei uns selbst, aber vor allem auch bei anderen. Wenn sich jemand traut, etwas vor der Klasse zu sagen, was falsch ist, dann gehe so mit ihm um, wie du es dir bei dir selbst wünschen würdest. Honoriere, dass sich gerade jemand vor der ganzen Klasse getraut hat, einen Fehler zu machen!

Wie du durch das Erkennen alter Wissenslücken unmittelbar besser wirst!

Bestimme die Steigung bei x = 1.

$$f(x) = \frac{1}{4}x^2 + \frac{1}{9}x + \frac{1}{4}$$

$$f'(x) = \frac{1}{2}x + \frac{1}{9}$$

$$f'(1) = \frac{1}{2} \cdot 1 + \frac{1}{9} = \frac{1}{2} + \frac{1}{9} = \frac{1}{11}$$

Kannst du mit dieser Aufgabe etwas anfangen? Es ist ein Beispiel aus unserem Nachhilfeunterricht. Rudi, ein verzweifelter Schüler, der unsere Hilfe brauchte, sollte die Steigung bei x = 1 berechnen. Dazu muss die Funktion zunächst abgeleitet und dann für das x eine 1 in die Ableitung eingesetzt werden. Doch Rudi hatte keinen blassen Schimmer, wie er vorgehen sollte, und sein Lehrer hatte ihm für diese Aufgabe 0 Punkte gegeben. Wir schauten uns die ganze Sache an und wussten sofort: Vollkommen verkehrt war Rudis Rechnung nicht. War er wirklich nicht in der Lage, Funktionen abzuleiten? Wir nahmen uns gemeinsam Zeit und sahen uns die Aufgabe in aller Ruhe an.

Die erste positive Nachricht ließ nicht lange auf sich warten: »Du kannst ableiten und hast in den ersten beiden Zeilen auch alles richtig gemacht! Außerdem hast du den Punkt richtig eingesetzt.« Wie du aus den vorherigen Kapiteln schon weißt, ist das psychologisch gesehen ein sehr wichtiger Aspekt. Wir können natürlich in den Aufgaben nach Fehlern suchen und uns ärgern, aber wir können auch zunächst einmal schauen, welche Teile der Aufgabe wir bereits richtig gelöst haben, und uns darüber freuen. Doch was war nun genau der Grund, warum diese Aufgabe als falsch bewertet wurde? Die Brüche wurden falsch addiert, da sie nicht zunächst auf denselben Nenner gebracht und erst dann addiert wurden.

Bestimme die Steigung bei x = 1.

$$f(x)=\frac{1}{4}x^2+\frac{1}{9}x+\frac{1}{4}$$

$$f'(x)=\frac{1}{2}x+\frac{1}{9}$$

$$f'(1)=\frac{1}{2}\cdot 1+\frac{1}{9}\boxed{=\frac{1}{2}+\frac{1}{9}=\frac{1}{11}}$$

Rudi sollte sich also nicht von dem falschen Ergebnis entmutigen lassen, obwohl er keine Punkte bekommen hat – und du solltest das auch nicht tun. Oft ist das Problem nicht so groß, wie du denkst. Ein weiterer wichtiger Punkt: In Mathe baut alles streng aufeinander auf. Wenn du also in vorherigen Jahrgangsstufen Inhalte nicht verstanden hast, ist das auch häufig der Grund für aktuelle Probleme. Deshalb ist es extrem wichtig, dass du bei Fehlern in deinen Aufgaben immer eine Fehleranalyse machst, wie wir sie in einem vorherigen Kapitel bereits beschrieben haben. Nun aber zur Praxis: Wie genau finden wir denn jetzt unsere alten Wissenslücken heraus? Dazu musst du dir bewusst machen, dass sich jede Aufgabe auf die kleinste Einheit herunterbrechen lässt. Ein Beispiel gefällig?

> Berechne das Integral im Intervall [1,5] der Funktion
> $f(x)=3x^3+2$

Nun fangen wir an, Fragen zu stellen: Was ist ein Integral? Dann: Wie berechnen wir dieses? Wir wissen, dass hier die Stammfunktion gebildet werden muss, aber da stellt sich gleich die nächste Frage: Was ist überhaupt eine Funktion? Beim Bilden der Stammfunktionen werden außerdem Brüche benötigt. Aber was sind Brüche eigentlich und wie geht man mit ihnen um? Welche Rechengesetze gelten? Und so weiter ... Jede Aufgabe enthält eine Reihe von mathematischen Grundprinzipien und Regeln, die eingehalten und befolgt werden wollen. Wenn du einen Fehler machst, musst du diesen finden und überprüfen, was genau du nicht verstanden hast. Ist das viel Arbeit? Klar, vor allem beim ersten Mal, aber es wird sich lohnen. Irgendwann stößt du auf einen Punkt, an dem du merkst, dass du nicht weiterkommst, weil du dort eine alte Wissenslücke hast. Und nun? Genau, jetzt geht es darum, diese Wissenslücke zu schließen.

Dafür gibt es viele Möglichkeiten. Du kannst es autodidaktisch mit YouTube-Videos versuchen, zusammen mit Freundinnen und Freunden arbeiten oder dir eine Nachhilfe organisieren. Wenn du diesen Prozess ein- oder zweimal gemacht hast, wirst du sehr viele positive Effekte feststellen, die dich garantiert nachhaltig auf ein neues Level heben werden. Das liegt daran, dass du so einen wunderbaren Überblick über die Zusammenhänge in der Mathematik bekommst. Du lernst somit nicht nur, wie du ein bestimmtes Verfahren anwendest, sondern auch warum! Einen größeren Erfolg kann man in der Mathematik nicht erzielen. Wir versprechen dir, dass du so nicht nur besser in Mathe wirst, sondern auch viel Spaß hast, weil du erkennst, wie wunderbar alles zusammenhängt. Was machst du jetzt konkret, wenn du bei einer bestimmten Aufgabe nicht weiterkommst? Halte dich einfach an folgenden Plan:

1. Wissenslücke identifizieren
   → Das Thema auf die einzelnen Bestandteile herunterbrechen.
   → Am besten eine große Mindmap entwickeln, in der du dein Mathewissen zu einem großen Mathenetz entwickelst.
2. Wissenslücken schließen
   → Mit Lernvideo
   → Mit Freunden oder Mitschülern
   → Mit einem persönlichen Nachhilfelehrer
3. Neues Wissen anwenden
   → Damit sich das neue Wissen einprägen kann, musst du es immer wieder anwenden. Trau dich an einige Aufgaben ran und du wirst das Wissen viel länger abspeichern können.

Wenn du nach diesem Schema vorgehst, garantieren wir dir eine signifikante Verbesserung in kürzester Zeit. Trau dir das ruhig zu, und am besten legst du jetzt direkt los und probierst es aus!

Auf die richtigen Ziele kommt es an

Stell dir vor, ein Wanderer läuft bei klarem Wetter einen Berg hinauf. Er kann zu jedem Zeitpunkt die Spitze sehen und weiß genau, wie weit er noch wandern muss, richtig? Jeder Schritt ist ein Erfolgserlebnis, weil der Wanderer genau weiß, dass er seinem Ziel immer näher kommt. Nun stell dir vor, der Wanderer würde bei dichtem Nebel laufen. In dem Fall sieht er weder die Spitze noch weiß er, wie weit er noch gehen muss. Er weiß nicht einmal, ob er sich noch auf dem richtigen Weg befindet. Jeder Schritt könnte ihn sogar etwas weiter von der Bergspitze, also seinem Ziel, entfernen. Erreicht er den vermeintlichen Gipfel des Berges, kann es sein, dass er am nächsten Tag bei klarer Sicht feststellen muss, dass der Gipfel nur ein Plateau vor der eigentlichen Spitze war und er den ganzen Weg noch einmal gehen muss, wenn er sein ursprüngliches Ziel erreichen will.

Wer besser in Mathe werden möchte, sollte wie der erste Wanderer sein, der bei klarer Sicht auf den Berggipfel zusteuert. Er hat sein großes Ziel jederzeit vor Augen und jeder seiner Schritte ist ein Erfolgserlebnis, mit dem er dem Ziel näherkommt. Genug mit der Metapher, jetzt wird es konkret. Wir schauen uns an, wie man sich seine Ziele idealerweise setzt, um sie am Ende auch zu erreichen.

SMARTe Ziele

Ob man nun allgemein besser in Mathe werden oder eine 2 auf dem Zeugnis möchte, macht keinen Unterschied, oder? Schließlich verbessert man in beiden Szenarien seine Mathekenntnisse. Dann ist es auch egal, ob man 1 oder 10 kg weniger auf der Waage hat, denn beides ist Abnehmen, richtig? Du merkst es schon: Ganz so einfach ist das nicht. Es gibt gute, klar abgesteckte Ziele, die uns motivieren, und es gibt schlechte, unrealistische oder unspezifische Ziele, die wir nach kurzer Zeit wieder aufgeben. Gute Ziele sind SMARTe Ziele:[6]

Spezifisch
Messbar
Attraktiv
Realistisch
Terminiert

Spezifisch
Ein Ziel sollte immer spezifisch, also konkret, sein. Es reicht nicht aus zu sagen, dass man sich vornimmt, Mathe besser zu verstehen. Worin genau möchte man besser in Mathe werden? Im Kopfrechnen? Im Dreisatz? Im Berechnen von Nullstellen? Du musst deine Ziele so konkret wie möglich beschreiben, damit du ganz genau weißt, was du erreichen möchtest, und keine Missverständnisse auftreten können.

Messbar
Ein Ziel muss mithilfe einer konkreten Zahl messbar sein. Nur so kannst du feststellen, ob du Fortschritte machst und wann oder ob du dein Ziel erreicht hast. Reicht es dir aus, alle Multiplikationen mit den Zahlen von 1 bis 100 innerhalb von 3 Sekunden im Kopf ausrechnen zu können? Oder möchtest du in der Lage sein, eine Abiturklausur mit einer 2 zu bestehen? Nur mit einem messbaren Ziel weißt du, was zu tun ist, um es zu erreichen.

Attraktiv
Ein Ziel sollte attraktiv und relevant für dich sein. Dir muss klar sein, warum du dieses Ziel erreichen willst. Wenn du

dir vornimmst, alle Multiplikationen mit den Zahlen von 1 bis 100 in 3 Sekunden lösen zu können, weil andere es gut finden, dann ist das für dich persönlich kein attraktives und relevantes Ziel und du wirst schnell aufhören, darauf hinzuarbeiten. Wenn du es hingegen lernen möchtest, weil du als Kellner arbeitest und ständig kopfrechnen musst, es dir jede Menge Zeit spart und Trinkgeld einbringt, dann ist das für dich ein ziemlich attraktives Ziel. Du musst dir also immer die Frage beantworten, warum **DU** eine bestimmte Sache erreichen möchtest und was **DU** davon hast - nicht jemand anders.

Realistisch

Dein Ziel sollte realistisch sein. Wenn du dir vornimmst, bis morgen alle Zahlen von 1 bis 100 blitzschnell miteinander multiplizieren zu können, dann ist das ein guter Vorsatz. Wenn du heute allerdings nicht einmal 10 % dieser Rechnungen im Kopf lösen kannst, ist der gute Vorsatz extrem unrealistisch. Diese Fähigkeit liegt aktuell noch völlig außerhalb deiner Möglichkeiten und es wird schnell Frust entstehen, weil du dein eigenes Ziel mit großer Sicherheit ständig verfehlen wirst. Überlege dir deshalb immer genau, wo du gerade stehst und was für dich realistischerweise erreichbar ist. Du musst dich auch nicht für überschaubare Ziele schämen. Jeder von uns hat einmal klein angefangen und wer regelmäßig kleine Schritte macht, wird irgendwann alle überholen, die auf der Stelle treten. Wenn man sich ein ganzes Jahr lang jeden Tag um **nur 1 %** im Vergleich zum Vortag verbessert, ist man am Ende des Jahres **37-mal** so gut wie zu Beginn ($1{,}01^{365} \approx 37{,}78$).

Aber Achtung: Unterschätze dich niemals. Wir machen in unserer Nachhilfe immer wieder die Erfahrung, dass Schülerinnen und Schüler sich kaum etwas zutrauen, weil sie bisher noch keine guten Erfahrungen in Mathe gemacht haben. Doch dein aktueller Stand sagt nichts über deine Zukunft aus! Wir legen deshalb sogar auf die realistischen Ziele, die genannt werden, noch etwas drauf. Wenn sich unsere Schülerinnen und Schüler eine 3 zutrauen, dann gehen wir auf die 3+. Warum wir das machen, kann man sich sehr gut anhand von Liegestützen vorstellen. Wenn du dir realistisch 30 Liegestützen zutraust und sie auch schaffst, dann ist das super. Wenn du nun dein Ziel aber ein klein wenig höher ansetzt, also auf beispielsweise 33 Liegestützen, dann wirst du nach 30 gemachten Liegestützen alles geben, um auf die 33 zu kommen. Und selbst wenn du die 33 dann nicht schaffst, sondern nur 32, hast du dadurch mehr geschafft, als wenn du dir nur 30 als Ziel gesetzt hättest. Gleichzeitig warst du so nah am Ziel, dass du extrem motiviert bist weiterzumachen. Also: Traue dir zu, über dich selbst hinauszuwachsen.

Terminiert

Dein Ziel muss immer mit einem festen Endpunkt versehen sein. Es reicht nicht aus zu sagen, dass du super im Multiplizieren mit den Zahlen von 1 bis 100 werden möchtest. Möchtest du das innerhalb eines Monats schaffen oder innerhalb eines Jahres? Wenn du einen festen Zeitpunkt auswählst, an dem du dein Ziel erreicht haben möchtest, kannst du kontrollieren, ob du im Zeitplan liegst oder deinen Einsatz anpassen musst.

Auch wir mussten das erst mühsam lernen. Der Klassiker bei uns waren unsere Deutschhausaufgaben, in denen wir eine lange Analyse schreiben mussten. Wir haben uns immer vorgenommen, die Textanalyse »frühzeitig« zu machen, aber sie dann letztendlich bis zum Abend vor der nächsten Deutschstunde aufgeschoben. Bestimmt kennst du das auch aus deiner Schulzeit. Seit wir aber unsere Ziele mit festen Daten versehen, erledigen wir sie auch bis dahin.

Ziele aufschreiben und teilen

Vielleicht hast du dir gerade beim Lesen schon fleißig überlegt, wie genau deine Ziele aussehen. Nun kommt aber der wichtigste Teil. Sie sollten handschriftlich festgehalten werden. Im besten Fall suchst du dir sogar einen Partner, dem du immer wieder von deinen Fortschritten berichtest. Eine Studie von Dr. Gail Matthews, einer Psychologieprofessorin an der Dominican University of California, zeigt, warum. Sie teilte ihre Studienteilnehmer in 5 verschiedene Gruppen ein:

- 1. Gruppe: Nur an Ziele denken
- 2. Gruppe: Ziele aufschreiben
- 3. Gruppe: Ziele aufschreiben und Handlungsverpflichtung formulieren
- 4. Gruppe: Ziele aufschreiben und Handlungsverpflichtung einer dritten Person mitteilen
- 5. Gruppe: Ziele aufschreiben, Handlungsverpflichtung und wöchentlichen Fortschrittsbericht an eine ausgewählte dritte Person senden

Nach vier Wochen zeigte sich, dass die Gruppe, die ihre Ziele auch aufschrieb, mit signifikantem Abstand besser abschnitt als die Gruppe, die lediglich über ihre Ziele nachdachte. Getoppt wurde das allerdings noch einmal von den Gruppen, die zusätzlich eine dritte Person mit ins Boot holten. Insbesondere die Gruppe, die darüber hinaus einen wöchentlichen Fortschrittsbericht verfasste, schnitt besser ab als alle anderen Gruppen.[7]

Wenn du dir also Ziele setzt, dann schreibe sie auf und suche dir am besten zusätzlich jemanden, der dir beim Einhalten deiner Ziele hilft. Nicht ohne Grund gehen viele Leute nur dann regelmäßig ins Fitnessstudio, wenn sie jemand begleitet.

Zwischenziele setzen und Belohnungen festlegen

Bestimmt kennst du auch folgendes Verhalten von Menschen, die ins Fitnessstudio gehen: Anfangs halten sie sich topmotiviert an ihren Plan und gehen mehrmals pro Woche. Sie haben ihr großes Ziel - fit zu werden oder abzunehmen - fest vor Augen. Doch wenn die ersten Herausforderungen auftauchen, dann bröckelt die Motivation und das Durchhaltevermögen leidet. Vielleicht fangen sie sich eine Erkältung ein und haben danach riesige Schwierigkeiten, sich aufzuraffen und erneut ins Fitnessstudio zu gehen. Oder die ersten Erfolge stellen sich doch nicht so schnell ein, wie sie es in ihrer anfänglichen Euphorie gehofft hatten. Plötzlich werden immer mehr Sporttage ausgelassen, weil das Ziel gefühlt in zu weiter Entfernung liegt - und die Motivation löst sich in Luft auf.

Um dem vorzubeugen, ist es wichtig, Zwischenziele zu setzen. Nehmen wir an, dein Ziel ist es, innerhalb eines Jahres 5 Kilogramm abzunehmen und viermal die Woche zum Sport zu gehen. Dann wirst du dich anfangs strikt daran halten, aber nach kurzer Zeit treten die ersten Ausnahmen auf. »Eine Woche über kann ich ruhig nur dreimal zum Sport gehen. Ich habe ja schließlich noch genug Zeit, um mein Ziel zu erreichen.« Ehe du dich versiehst, werden aus der einen Ausnahme immer mehr Ausnahmen und aus den viermal Sport pro Woche nur drei-, dann zwei-, und am Ende keinmal. Der Grund dafür? Das Ziel lag in zu weiter Entfernung, um motiviert zu bleiben, und die Erfolgserlebnisse haben gefehlt.

1 Jahr ist ein sehr großer Zeitraum und zu abstrakt, um die Motivation hochzuhalten. Wann immer du dir also ein großes Ziel für die Zukunft setzt: Unterteile es in kleine Zwischenziele, die jederzeit für dich greifbar sind. Statt 5 Kilogramm innerhalb eines Jahres abzunehmen, kannst du beispielsweise 100 Gramm pro Woche abnehmen. Dadurch hast du ein festes Ziel vor Augen, das immer nur ein paar Tage entfernt ist und zu ständiger Motivation verhilft, ohne dein großes Jahresziel aus den Augen zu verlieren. Und noch mehr als das: Durch die

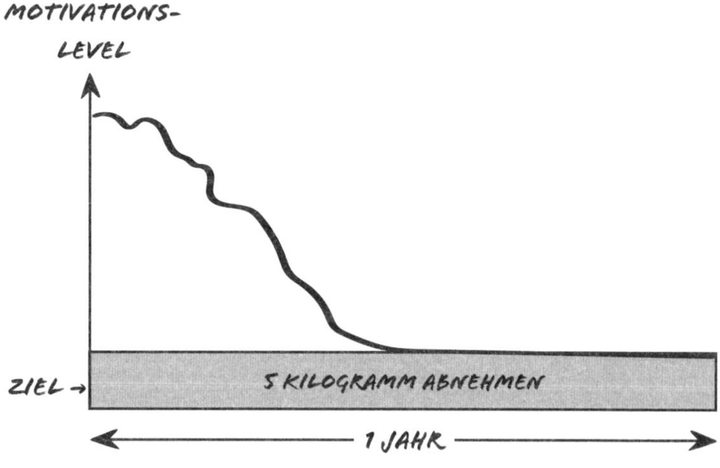

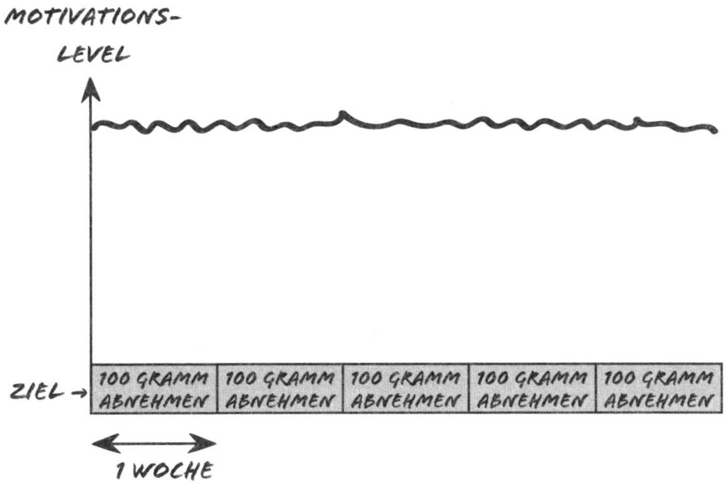

kleinen Zwischenziele schaffst du einen einfachen Kontrollmechanismus, der dir sagt, ob du dich auf dem richtigen Weg befindest oder noch feinjustieren musst.

Nach demselben Prinzip sollte eine Schülerin oder ein Schüler, die oder der die Mathenote innerhalb eines Jahres von einer 4 auf eine 2 verbessern möchte, Zwischenziele im Blick haben. Sonst wird eine 4+ in der nächsten Klassenarbeit jeder Motivation ein Ende setzen. Eine 4+ kann aber auch als kleiner Schritt in Richtung 2 und damit als Erfolgserlebnis gewertet werden. Der lang und schwer erscheinende Weg wird plötzlich in kurze, leichte Abschnitte eingeteilt, jeder Erfolg ist eine Motivation und am Ende liegt das Ziel in greifbarer Nähe.

Ein weiterer Tipp für mehr Motivation: Belohnungen einbauen. Die können beispielsweise so aussehen: Für die ersten 4 Wochen, in denen du alle Zwischenziele erreicht hast, gönnst du dir ein neues Sportoutfit. Oder: Für jeden erfolgreichen Monat gibt es drei komplett freie Tage, an denen du machen kannst,

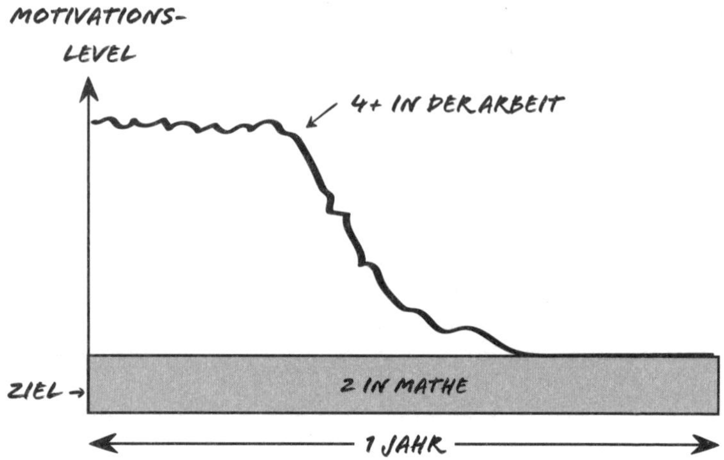

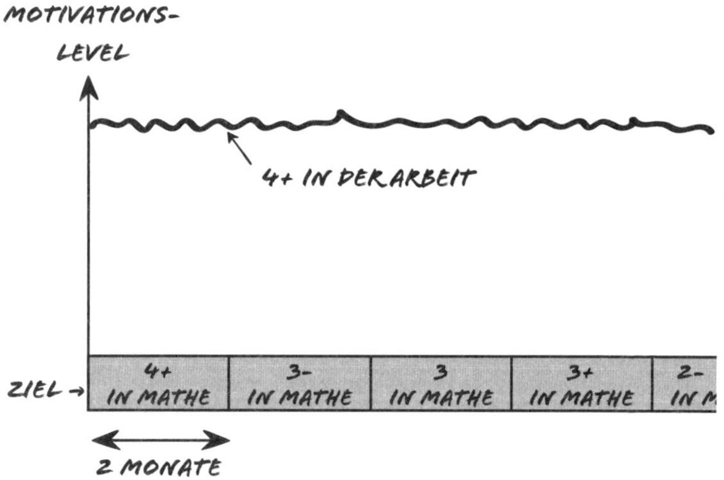

was du willst. Die Intervalle, in denen du dich belohnst, kannst du ganz individuell an deine Vorlieben anpassen. Vielleicht bist du der Kleine-Belohnungen-jeden-Tag-Typ oder der Alle-zwei-Wochen-eine-große-Belohnung-Typ –, das musst du selbst herausfinden.

Wir haben auch ein festes Belohnungsritual für große Ziele, die wir erreichen. Wir fahren dann immer gemeinsam in ein Spaßbad, das besonders viele Wasserrutschen hat, und rutschen den ganzen Tag. Was sieht man daran? Zum einen, dass wir immer noch große Spielkinder sind, und zum anderen, dass wirklich alles eine Belohnung und ein Ansporn sein kann. Wichtig ist es, dass die Belohnung zu dir passt.

Jetzt bist du dran …

Welches Ziel möchtest du gerne erreichen? Jetzt ist genau der richtige Zeitpunkt, um dein neu gewonnenes Wissen in die Tat umzusetzen. Stelle dir vor, wie schön es sein wird, wenn du dein Ziel erreicht hast. Wenn du zum Beispiel deine Mathesorgen von früher plötzlich aufgelöst hast und keine Bauchschmerzen mehr beim Anblick von Zahlen bekommst, sondern tiefenentspannt damit rechnen kannst. Schreibe dein Ziel auf, halte dich an die von uns erklärten Regeln und wir versprechen dir, dass du es erreichen wirst.

Bis zum ______________________ (terminiert)

werde ich ______________________

____

______________________ (spezifisch, messbar, realistisch)

Das ist gut für mich, weil ______________________________

____

______________________________________ (attraktiv)

Um sicher zu sein, dass ich das Ziel erreiche, werde ich

____

mein Ziel mitteilen und ihm/ihr wöchentlich darüber Bericht erstatten, wie ich vorankomme.

Meine Zwischenziele und Belohnungen

Bis zum ...	**werde ich ...**	**Erreicht?**	**Belohnung**
		☐	
		☐	
		☐	
		☐	

Warte nicht auf den perfekten Zeitpunkt, um dein Ziel aufzuschreiben, denn er wird nie kommen – starte jetzt!

Dem Lernen auf der Spur – Welchen deiner Sinne nutzt du?

Nun hast du schon eine Menge über Selbstorganisation, Motivation und die richtigen Ziele gelernt. In diesem Kapitel gehen wir endlich dem Lernen selbst auf den Grund. Ab in die Praxis!

Zu Beginn schauen wir, wie du ganz individuell am besten auswendig lernst – und zwar mit welchem deiner Sinne. Wir können über unsere Sinne Eindrücke aufnehmen und diese abspeichern. Dabei leistet jeder Sinn einen wertvollen Einfluss auf unseren Lernerfolg und am besten lernen wir, wenn wir alle Sinne zusammen aktivieren.[8]

Das wäre zugegebenermaßen die beste Lösung, ist aber nicht immer die effizienteste. Deshalb ist es gut zu wissen, welcher dein bevorzugter Sinn ist, denn: Je besser du den kennst, desto effektiver, schneller und nachhaltiger kannst du Wissen aufnehmen.

Insgesamt unterscheiden wir hier 4 verschiedene Sinne, die du unserer Meinung nach optimal zum auswendig Lernen nutzen kannst: das Sehen, das Hören, das Fühlen und das Sprechen. Wenn du jetzt sagst, dass Sprechen kein Sinn ist, dann hast du vollkommen recht. Wir haben hier das Sprechen mit aufgenommen, da wir beim Sprechen mehrere Sinne parallel nutzen und somit eine weitere effektive Methode haben, uns Wissen anzueignen. Das Schmecken und das Riechen haben wir in diesem Fall vernachlässigt, da es beim schulischen Lernen schwierig ist, diese Sinne anzusprechen. Wir werden uns nun die 4 »Sinne« kurz anschauen und dir zu jedem ein Beispiel geben, wie du damit lernen kannst.

Das Sehen:
Schaust du gerne Dokumentationen oder YouTube-Videos (oder tolle Mathe-Videos auf TikTok) und liest dafür weniger gern? Dann könnte es sein, dass du gut über deinen Sehsinn lernen kannst. Es gibt allerdings nicht zu jedem Thema ein passendes Video und das Internet ist nicht immer eine vertrauenswürdige Quelle. Deshalb hier ein kleiner Tipp von uns: Wenn du für eine Arbeit oder Klausur Lernzettel erstellst oder in einer anderen Situation viele Informationen auswendig lernen musst, dann probiere doch mal Folgendes aus: Zeichne neben die Informationen kleine Strichmännchen, die den Lernstoff veranschaulichen. Diese Strichmännchen dürfen durchaus überspitzt und verrückt sein. Je ausgefallener die Darstellung, desto besser kannst du dir die Information merken.

Das Hören:
Beim Hören nehmen wir Informationen über unser Gehör auf. Kannst du dir beispielsweise Liedtexte gut merken? Dann könnte das ein Hinweis darauf sein, dass du gut über das Hören lernen kannst. Wie lässt sich das nun konkret im Leben umsetzen? Stell dir vor, du sitzt vor deinen Lernzetteln und kannst die Inhalte einfach nicht behalten. Dann versuche doch mal, die Inhalte als Sprachnotiz auf deinem Handy aufzunehmen. So hast du deine Lernzettel immer und überall dabei. Wenn du beim Arzt wartest oder in der Bahn oder im Bus sitzt, kannst du dir die Inhalte einfach anhören und bedienst so deinen bevorzugten Lernkanal.

Das Fühlen:
Beim Fühlen nimmst du Informationen am besten über haptische Eindrücke auf. Dabei verknüpfst du das Berühren mit einer bestimmten Information. Zugegeben, die konkrete Umsetzung wird hier schon komplizierter. Schließlich kannst du

nicht einfach Hunderte von Objekten mit in die Klausur nehmen und diese berühren. Deshalb geben wir dir einen Tipp für eine umsetzbare Lernversion dieses Typs: Wenn du gerade etwas auswendig lernen musst, lauf einfach mal durch dein Zimmer, berühre bestimmte Gegenstände und verknüpfe sie mit Informationen. Wenn du dann in der Klausur sitzt, kannst du gedanklich durch dein Zimmer gehen und die Gegenstände zusammen mit den Informationen abrufen. Probiere es gerne mal aus – es ist erstaunlich, wie gut das funktioniert.

Das Sprechen:
Nimmst du Informationen am besten auf, wenn du darüber sprichst? Am besten funktioniert das in einer Lerngruppe. So kannst du direkt testen, ob du die Lerninhalte wirklich verstanden hast, denn nur dann kannst du sie auch anderen erklären. Falls du feststellst, dass du in einer Lerngruppe nicht so produktiv bist, haben wir einen Tipp für dich: Stell dich zu Hause hin und tue so, als ob du eine Lehrerin oder ein Lehrer wärst, der den Stoff seiner Klasse erklärt. Du sprichst also zu einem fiktiven Publikum. Zugegeben, das fühlt sich zu Beginn etwas seltsam an, aber dieses Gefühl legt sich schnell und es kann sogar Spaß machen. Auf diese Weise kannst du für dich selbst erkennen, was du verstanden hast, und die Informationen besser verinnerlichen.

Wenn du richtig Bock hast, kannst du alle Sinne kombinieren und hast so den optimalen Lernerfolg. Wenn du nicht so viel Zeit hast, kannst du mit folgendem kurzen Test herausfinden, welcher dein bevorzugter Sinn zum auswendig Lernen ist. Beantworte jede Frage ehrlich und zähle am Ende, welche Antwort (A, B, C oder D) du am häufigsten gewählt hast.

1. **Wenn du eine neue Fähigkeit erlernen möchtest, würdest du am liebsten:**

A. Ein Video oder eine Dokumentation sehen.
B. Eine mündliche Erklärung hören oder einem Vortrag lauschen.
C. Es selbst ausprobieren.
D. Mit anderen darüber diskutieren und Meinungen einholen.

2. **Wie erinnerst du dich am besten an Namen?**

A. Indem du dir das Gesicht der Person vorstellst.
B. Indem du den Namen in einem Gespräch wiederholst oder laut sagst.
C. Indem du der Person beim Kennenlernen die Hand schüttelst oder sie berührst.
D. Indem du mit anderen über die Person sprichst.

3. **Wenn du dich in einer neuen Stadt orientieren müsstest, würdest du:**

A. Eine Karte oder eine App verwenden.
B. Jemanden nach dem Weg fragen.
C. Einfach losgehen und die Umgebung erkunden.
D. Mit Bekannten oder Einheimischen über interessante Orte sprechen.

4. **Wie lernst du am besten für eine Prüfung?**

A. Durch das Anschauen von Diagrammen, Grafiken oder Mindmaps.
B. Durch das Hören von Aufzeichnungen des Stoffs.
C. Durch das Nachstellen von Situationen oder das Anwenden des Gelernten.
D. Durch Gruppenarbeit oder das Teilen von Informationen mit anderen.

5. **Welche Art von Kurs würdest du am ehesten besuchen?**
   A. Einen Kurs mit vielen PowerPoint-Präsentationen.
   B. Einen Vortrag oder einen Kurs, bei dem viel gesprochen wird.
   C. Einen Workshop oder einen praktischen Kurs.
   D. Einen Diskussions- oder Seminarkurs.

Auswertung:

- **Hauptsächlich A:** Du neigst dazu, mit dem Sehsinn zu lernen.
- **Hauptsächlich B:** Du neigst dazu, über das Hören zu lernen.
- **Hauptsächlich C:** Du neigst dazu, über das Fühlen zu lernen.
- **Hauptsächlich D:** Du neigst dazu, über das Sprechen zu lernen.

Denkt daran, dass dieser Test nur eine grobe Einschätzung ist und viele Menschen eine Kombination verschiedener Sinne nutzen. Es ist immer eine gute Idee, unterschiedliche Lernmethoden auszuprobieren, um herauszufinden, was für dich am besten funktioniert.

Geheimtipp – Intelligenz vs. Vorwissen

Rate mal. Welcher Faktor sagt die schulische Note eines Schülers besser vorher: seine Intelligenz oder sein Vorwissen zu einem bestimmten Thema? Studien[9] haben gezeigt, dass es nicht die Intelligenz, sondern das Vorwissen des Schülers zum Thema ist. In anderen Worten: Man muss nicht die intelligenteste Person im Raum sein, um gute Noten in der Schule zu bekommen. Das sind doch wunderbare Nachrichten, oder?

Du kannst dir das vorstellen wie ein Rennen zwischen einem mittelmäßigen Rennfahrer und dem besten Rennfahrer der Welt. Wenn das Rennen auf einer Strecke stattfindet, die der mittelmäßige Rennfahrer in- und auswendig kennt und der beste Rennfahrer noch nie gefahren ist, dann wird der mittelmäßige Rennfahrer das Rennen gewinnen. Auf Dauer wird der beste Rennfahrer vielleicht auf dieser Strecke genauso gut oder sogar besser werden als der mittelmäßige Rennfahrer, aber trotzdem konnte der mittelmäßige Rennfahrer bis dahin einen extrem guten Eindruck machen. Er befindet sich, bezogen auf diese Strecke, auf einem klasse Niveau und wird – in Schulnoten gesprochen – eine 1 bekommen.

In unserer Nachhilfe machen wir uns dieses Prinzip zunutze, indem wir mit besonders motivierten Schülerinnen und Schülern, die Bestnoten erreichen wollen, in erster Instanz alte Wissenslücken schließen und die Sicherheit im Umgang mit mathematischen Themen stärken, um dann mit ihnen ganz bewusst »vorzulernen«. So gehen sie vorbereitet in jede Mathestunde und sind ihren Mitschülerinnen und Mitschülern immer einen Schritt voraus, was sich auch in ihren Noten widerspiegelt.

Wie eignet man sich am besten Vorwissen an?
Es gibt unzählige Möglichkeiten, sich auf einfachstem Weg Wissen zu einem Thema anzueignen. Für audiovisuelle Lerner bieten sich etwa Erklärvideos auf YouTube an. Neben unseren eigenen Lernvideos zu allen Themen von der 5. Klasse bis zum Abitur gibt es etliche weitere gute Kanäle, die nur einen Suchbegriff entfernt sind und Matheinhalte auf einem hohen Level und auf sehr anschauliche Art und Weise erklären. Schülerinnen und Schüler können sich dort die Erklärungen aussuchen, die am besten zu ihnen passen, und so wortwörtlich innerhalb kürzester Zeit neue Inhalte erlernen. Mit einem sicheren mathematischen Grundwissen sind nur etwa 20 Minuten Aufwand pro Woche notwendig, um sich regelmäßig das nötige Vorwissen für den Unterricht anzueignen. Erklärvideos dauern nämlich meist nur 3 bis 10 Minuten. Es gibt auch Videos von uns mit Beispielrechnungen, die Aufgaben zu Themen beinhalten, die auch genau so in der Schule drankommen könnten. Falls dich interessiert, wie das konkret aussieht, haben wir dir hier zwei Videos mitgebracht, die du beide mithilfe des folgenden QR-Codes aufrufen kannst:

Wer sich das Thema also erst erklären lässt und dann Beispiele eigenständig durchrechnet, bevor er sich die Lösung anschaut, der hat sich mit einem Aufwand von rund 20 Minuten eine große Menge Vorwissen angeeignet. Wer das nun noch in seiner mündlichen Mitarbeit im Unterricht umsetzt, der kann gar nicht anders, als eine gute Note im Zeugnis zu bekommen.

Aber Achtung: Ohne gutes mathematisches Grundwissen kommst du nicht weit. Deshalb schließe unbedingt alte Wissenslücken, um genügend Sicherheit in allen mathematischen Inhalten zu gewinnen.

TEIL 2

Mathe braucht jeder!

»Mathe brauche ich nicht«, diesen Satz hören wir regelmäßig. Schließlich gibt es selbstverständlich Berufe, Situationen und Probleme, bei denen Mathe absolut keine Rolle spielt, definitiv, aber jeder von uns kennt die Momente, in denen Mathe eben doch wichtig werden kann.

Stell dir vor, der Sommer rückt näher und du findest das perfekte T-Shirt. Als wäre das nicht schon schön genug, ist es zusätzlich auch noch um 20 % reduziert. Aber was kostet es jetzt? Oder du möchtest ein Haus bauen und benötigst einen Kredit. Wie kannst du das beste Angebot finden und berechnen? Wie viel Eigenkapital brauchst du? Oder am Frühstückstisch mit deiner Familie entsteht eine hitzige Diskussion und du möchtest mit einer logisch guten Argumentationsstruktur glänzen. Auch da hilft dir Mathe weiter. Denn wer sich viel mit Mathe beschäftigt, der fördert sein logisches und analytisches Denken und kann deshalb in Alltagssituationen besser agieren und reagieren. Außerdem gilt die Mathematik als die »Sprache der Wissenschaft«. Wenn wir also auf einem wissenschaftlichen Niveau mit anderen Menschen kommunizieren möchten, kommen wir nicht drum herum, uns mit der Mathematik zu beschäftigen.

Wie du merkst, kann Mathe in ganz unterschiedlichen Situationen wichtig sein, und wenn auch du aktuell der Meinung bist, dass du Mathe nicht brauchst, dann bitten wir dich nur um eine Sache: Lass dich auf dieses Kapitel ein. Gehe ohne Vorurteile an die Themen heran und lass dich einfach von den spannenden und anschaulichen Geschichten begeistern. Wir wünschen dir ganz viel Spaß!

Eine Reise durch die Zeit – die Anfänge der Mathematik

In einer modernen Welt voller Technik, Smartphones und ChatGPT erscheint es logisch und offensichtlich, dass die Mathematik in vielen Bereichen als Grundlage dient und von entscheidender Bedeutung ist.

Doch tatsächlich gibt es die Mathematik schon seit den Anfängen der Menschheit. Als wir noch Jäger und Sammler waren, vor ca. 30 000 Jahren, haben wir uns schon mit ersten kleinen mathematischen Problemen beschäftigt. Das begann mit dem Zählen von Gegenständen und dem Festlegen von einfachen Zeitabständen. Um 3000 vor Christus ist in Babylon dann bereits das babylonische Mathematiksystem entstanden.

Babylon & seine Bewohner

- **Lage:** Einst im Herzen von Mesopotamien gelegen, befindet sich die historische Stätte von Babylon im heutigen Irak, nahe der Metropole Hilla am Flussufer des Euphrat.
- **Ära:** Die Spuren Babylons reichen bis ins 3. Jahrtausend vor Christus zurück, wobei die Blütezeit der Stadt zwischen dem 19. und 6. Jahrhundert vor Christus lag.
- **Relevanz:** Als Drehkreuz für kulturelle, religiöse und politische Aktivitäten des alten Orients erlangte Babylon Be-

rühmtheit durch markante Bauwerke wie das Ischtar-Tor und die legendären hängenden Gärten, die als eines der sieben Weltwunder der Antike gelten.

- **Bewohner:** Als Babylonier bekannt, waren die Einwohner Babylons Pioniere in den Bereichen Mathematik, Astronomie und Rechtsprechung. Besonders der Codex Hammurabi als eines der frühesten Rechtssysteme zeugt von ihrem juristischen Erbe.

Anders, als wir es heute kennen, handelt es sich dabei aber nicht um ein Dezimalsystem, sondern um ein Zahlensystem auf der Basis von 60. Die Babylonier nutzten zwei elementare Zeichen, um die Ziffern von 1 bis 59 abzubilden. Ein einzelner Keil stand für die Eins, während eine größere Ansammlung von Keilen die Zehn symbolisierte. Mit einer Kombination dieser Zeichen konnten sie die Ziffern bis 59 abbilden, und ab der Zahl 60 wurde eine neue Liste eingeführt, um höhere Zahlen darzustellen. Noch heute finden wir immer wieder Bezüge zu diesem Zahlensystem. Beispielsweise in der Einteilung von Stunden, Minuten oder in unseren Winkeln. Mithilfe von diesem Zahlensystem betrieben die Menschen in Babylon Handel und machten sogar erste astronomische Beobachtungen.

So wurden der Radius der Erde und der Abstand von Sonne und Mond schon vor über 2000 Jahren berechnet

Die Entwicklungen in der Mathematik schritten so rasant voran, dass bereits im 3. Jahrhundert vor Christus der Radius der Erde näherungsweise berechnet werden konnte. Das Besondere da-

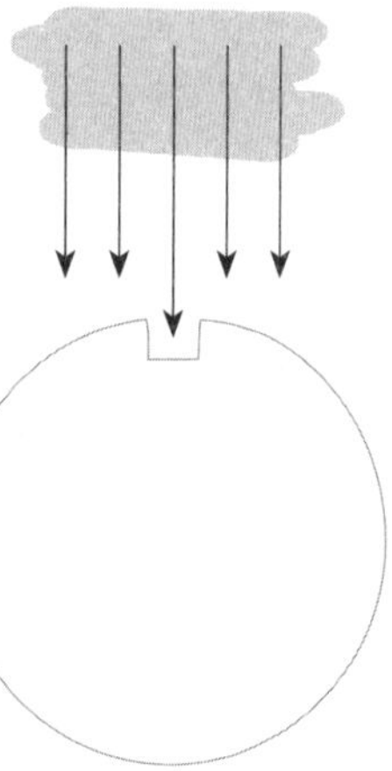

bei war, dass das alles ohne technische Hilfsmittel und nur durch Logik und Mathematik funktionierte.

Die erste Berechnung des Radius der Erde geht auf den griechischen Gelehrten und Mathematiker Eratosthenes von Kyrene zurück. Er war nicht nur einer der Ersten, die den Umfang der Erde berechneten, sondern benötigte dafür erstaunlicherweise auch nichts weiter als einen Stock und das Sonnenlicht – den Rest erledigte die Mathematik. Übrigens war bereits für die alten Griechen klar, dass die Erde eine Kugel und keine Scheibe sein musste. Sie beobachteten Schiffe, die auf das Meer hinausfuhren, und erkannten, dass zunächst der Rumpf und anschließend der Mast am Horizont verschwand. Eratosthenes jedenfalls machte zur Sommersonnenwende eine faszinierende Beobachtung. Er befand sich zu dieser Zeit in der Stadt Syene, im heutigen Ägypten. Zur Mittagszeit stellte er fest, dass die Sonne senkrecht über einem Brunnen stand, der somit keinen Schatten warf. Dies fiel ihm auf, als er in den Brunnen blickte und erkannte, dass der Brunnenboden komplett von der Sonne beleuchtet wurde (siehe erste Skizze). Gleichzeitig beobachtete Eratosthenes weiter nördlich, in Alexandria, dass ein Stock, den er zur selben Tageszeit in die Erde steckte, einen Schatten warf.

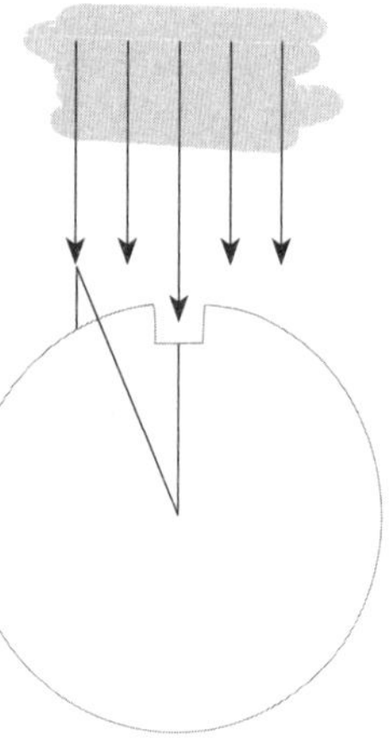

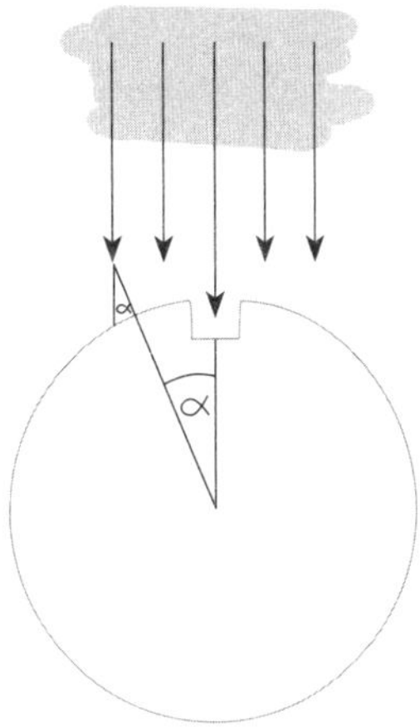

Er maß den Winkel des Schattens und erkannte, dass dieser Winkel genauso groß sein musste wie der Winkel zwischen Syene und Alexandria (siehe dritte Skizze).

Bei der Messung der Winkel ergab sich ein Wert von etwa 7 Grad. Nachdem Eratosthenes dies wusste, ließ er den Abstand zwischen Syene und Alexandria messen. Zur damaligen Zeit wurden Abstände jedoch nicht in Metern und Kilometern gemessen, sondern in Stadien. »Stadion« war eine Längeneinheit, die sich an der Länge eines Stadions oder einer Rennbahn orientierte. Aufgrund der unterschiedlichen Länge der Stadien in unterschiedlichen Kulturen variierte auch der Wert der Einheit Stadion, bewegte sich aber in Metern betrachtet immer zwischen 150 und 200 m. Heutzutage werden häufig 185 m als Längeneinheit für ein Stadion verwendet. Der Abstand zwischen Syene und Alexandria betrug 5000 Stadien. Eratosthenes wusste also, dass ein Winkel von 7 Grad einem Kreisbogen von 5000 Stadien entspricht. Und da die Erde eine Kugel ist und ein Kreis 360 Grad misst, konnte Eratosthenes den Erdumfang mithilfe des Dreisatzes berechnen.

$$\begin{array}{llcrl} \div 7 & 7^\circ & \widehat{=} & 5000 \text{ STADIEN} & \div 7 \\ & 1^\circ & \widehat{=} & 714 \text{ STADIEN} & \\ \times 360 & 360^\circ & \widehat{=} & 257\,040 \text{ STADIEN} & \times 360 \end{array}$$

Somit ergab sich laut Eratosthenes ein Erdumfang von ungefähr 257 040 Stadien. Die Umrechnung von Stadien in Kilometer ist nicht ganz eindeutig. Im besten Fall betrug die Abweichung nur etwa 1 % zum tatsächlichen Umfang der Erde (40 077 km), im schlechtesten Fall jedoch ca. 16 %.[1]

Falls du das jetzt schon beeindruckend findest, dann mach dich auf weitere Überraschungen gefasst. Die alten Griechen konnten nicht nur näherungsweise den Umfang der Erde bestimmen, sondern auch den Abstand der Erde zum Mond und den Abstand der Erde zur Sonne. Doch wie haben sie das gemacht? Aristarch von Samos war ein Naturphilosoph und einer der Ersten, der Naturphänomene nicht auf die Macht der Götter zurückführte, sondern sie mit Hilfe der Wissenschaft rational erklärte. Seine erste Erkenntnis besagte, dass der Mond nicht aus sich heraus Licht oder Helligkeit abgibt, sondern von der Sonne angeleuchtet wird. Um seinem Ziel, den Abstand von der Erde zum Mond zu berechnen, näher zu kommen, überlegte sich Aristarch zunächst Folgendes: Wenn Halbmond ist, dann müssen der Blick vom Menschen zum Mond und die Strecke von der Sonne zum Mond in einem rechten Winkel zueinander stehen (siehe Skizze).

Aristarch versuchte nun, den Winkel, der sich direkt beim Beobachter ergab (also der Winkel mit dem Fragezeichen in der Skizze), zu ermitteln. Diesen Winkel genau zu messen, ist sehr schwierig und eine exakte Erklärung würde hier zu weit führen, aber Aristarch kam auf einen Winkel von etwa 87 Grad. Nun bist du gefragt: Durch die Eigenschaft, dass in einem Dreieck die Winkelinnensumme immer 180 Grad beträgt, können wir die Größe aller Winkel im Dreieck ganz einfach bestimmen:

$$90° + 87° + \gamma = 180°$$

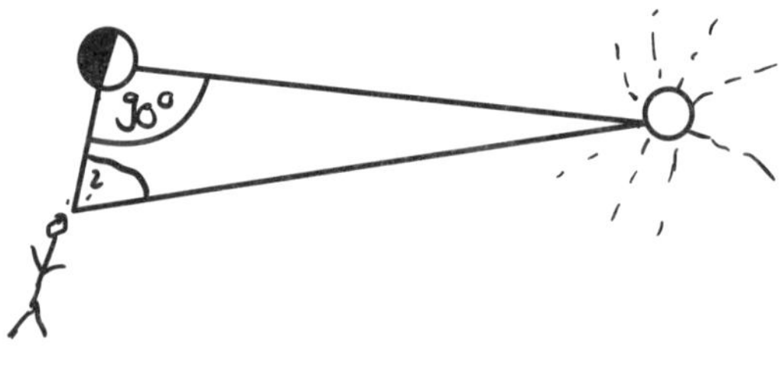

Wie groß muss nun γ sein, damit die Gleichung stimmt? Genau, 3 Grad. Dadurch wissen wir nun auch, wie groß der Winkel direkt bei der Sonne ist.

Wenn alle Winkel innerhalb eines Dreiecks gegeben sind, kann man zwar nicht die Länge der Seiten berechnen, aber trotzdem das Seitenverhältnis bestimmen. So kam Aristarch zu dem Schluss, dass die Sonne 19-mal weiter von der Erde entfernt ist als der Mond. Diese Erkenntnis war für die damalige Zeit bereits bahnbrechend, und obwohl die Zahlen nicht ganz zutreffend sind, hatte Aristarch den richtigen Ansatz gewählt. Leider konnte er die Winkel nicht genau genug bestimmen, um ein exaktes Ergebnis zu erhalten, doch der Rechenweg blieb korrekt.

Diese Entdeckung führte den Wissenschaftler auch gleich zur nächsten Überlegung. Er fragte sich, wie groß die Sonne im Verhältnis zum Mond sein könnte. Bei einer Sonnenfinsternis bedeckt der Mond die Sonne komplett. Stellen wir uns einen Betrachter der Sonnenfinsternis auf der Erde vor. Er sieht den Mond und die Sonne wie in der Abbildung unten links gezeigt. Dank den vorherigen Beobachtungen von Aristarch wissen wir nun, dass die Sonne 19-mal weiter von der Erde entfernt ist als der Mond (siehe Skizze).

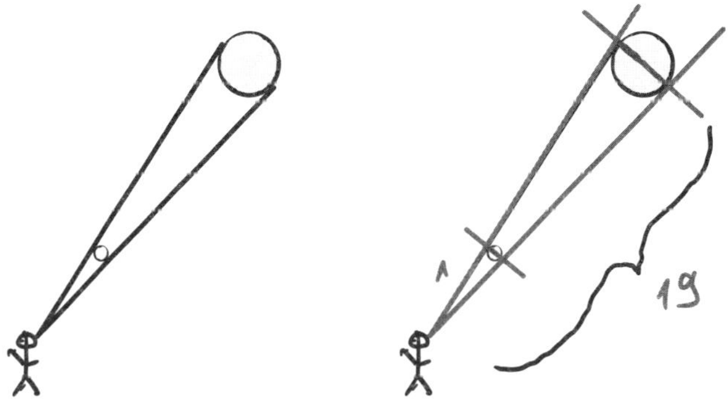

Mithilfe des **zweiten Strahlensatzes** ergibt sich folgende Rechnung:

$$\frac{\textit{Abstand Erde zum Mond}}{\textit{Abstand Erde zur Sonne}} = \frac{\textit{Durchmesser Mond}}{\textit{Durchmesser Sonne}}$$

Das Verhältnis der Entfernung von der Erde zum Mond und von der Erde zur Sonne ist genau so groß wie das Verhältnis vom Durchmesser des Mondes zum Durchmesser der Sonne. Das bedeutet, dass die Sonne nicht nur 19-mal so weit von der Erde entfernt ist wie der Mond, sondern auch 19-mal so groß ist wie der Mond, was natürlich aus heutiger Sicht sehr ungenau ist. Dennoch ist es richtig berechnet, nur die verwendeten Annahmen waren für ein exaktes Ergebnis nicht genau genug. Und wieder hatte Aristarch eine Erkenntnis gewonnen, doch auch hier machte er nicht halt.

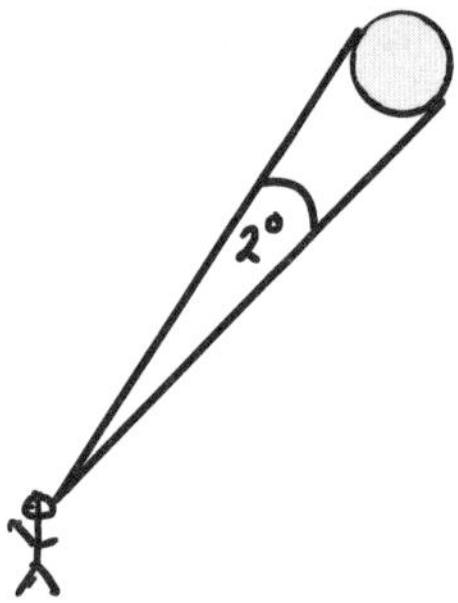

Er überlegte, ob er den Monddurchmesser in ein Verhältnis zum Abstand vom Mond zur Erde setzen konnte. Aristarch stellte die Theorie auf, dass der Winkel bei der Betrachtung des Mondes 2 Grad beträgt.

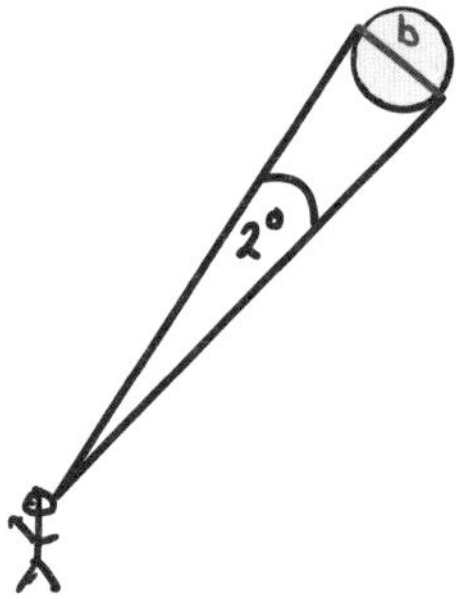

Auch in diesem Fall sind die aktuellen Zahlen deutlich genauer, aber der Ansatz und der Rechenweg von Aristarch waren absolut richtig. Da Aristarch den Abstand von der Erde zum Mond ja nicht kannte, setzte er ihn einfach gleich 1 und wollte dann durch verschiedene Rechnungen die Länge der Seite b berechnen (siehe Skizze). Aristarch erhielt ein Ergebnis von 0,035. Aber was bedeutet das jetzt mathematisch? Hat der Mond einen Durchmesser von 0,035? Nein, das bedeutet, dass der Durchmesser des Mondes 3,5 % der Strecke von der Erde zum Mond ausmacht. Wahnsinn, welche Erkenntnisse die Mathematiker zur damaligen Zeit bereits gewinnen konnten. Mit der heutigen Technik und dem heutigen Wissen kommen wir übrigens darauf, dass der Durchmesser des Mondes 0,9 % der Strecke von der Erde zum Mond ausmacht. Die Abweichung zum tatsächlichen Ergebnis war somit doch noch relativ groß, dennoch waren seine Berechnungen eine beachtliche Leistung.

Was ist aber für uns das Besondere an diesen Geschichten? Zunächst die Erkenntnis, dass mathematische Grundlagen, wie der Satz des Pythagoras, Winkelberechnungen oder die Strahlensätze schon in der Antike genutzt wurden und bis heute ein elementarer Bestandteil der Schulmathematik sind. Außerdem begeistert uns der Entdeckergeist von Aristarch und Eratosthenes. Die beiden gingen mit offenen Augen durch die Welt, beobachteten die Natur und gewannen durch ihre Begeisterung für Mathematik und ihre Kombinationsgabe Erkenntnisse, die für viele Menschen ohne technische Hilfsmittel unvorstellbar sind. Also unser Appell an jeden Leser und jede Leserin: Geh ebenfalls mit offenen Augen durch die Welt und traue dir und deinem gesunden Menschenverstand eine Menge zu.[2]

Die Mathematik hinter Kalendern – so berechnest du, an welchem Wochentag du geboren wurdest

Hast du dich schon einmal gefragt, an welchem Wochentag du eigentlich geboren wurdest? Falls ja, haben wir eine gute Nachricht für dich! Du kannst auch diese Frage ganz einfach mit Mathematik lösen. Um auszurechnen, an welchem Wochentag du geboren bist, kannst du diese Formel verwenden:

$$w = \left(d + \lfloor 2{,}6 \cdot m - 0{,}2 \rfloor + y + \left\lfloor \frac{y}{4} \right\rfloor + \left\lfloor \frac{c}{4} \right\rfloor - 2c \right) \bmod 7$$

Okay, zugegeben, das sieht alles andere als einfach aus. Aber wir machen jetzt einen Deal: Du lässt dich von den Buchstaben nicht verunsichern und gehst voller Selbstvertrauen an die Formel, weil du fest davon überzeugt bist, dass du Mathe kannst. Im Gegenzug versprechen wir, dir alles Schritt für Schritt zu erklären und dass du am Ende alles verstanden haben wirst, okay?

Alles klar, dann wollen wir auch direkt starten. Als Erstes schauen wir uns an, was die einzelnen Buchstaben bedeuten:

- **w**: Das **w** gibt uns in der Rechnung den Wochentag an. **w** kann dabei die Zahlen 0 bis 6 annehmen. 0 steht für den Sonntag, 1 steht für den Montag, 2 steht für den Dienstag und so weiter bis zur 6, die für den Samstag steht.
- **d**: Das **d** gibt das konkrete Tagesdatum an. Wenn du zum Beispiel am 03. November Geburtstag hast, dann musst du für **d** eine 3 einsetzen. Somit kann **d** alle Werte von 1 bis 31 annehmen.
- **m**: Das **m** gibt deinen Geburtsmonat an. Allerdings nicht, wie wir es gewohnt sind. In dieser Formel beginnt das Jahr

nicht im Januar, sondern im März. Wenn wir also eine 1 einsetzen, meinen wir den März, nicht den Januar. Entsprechend meint eine 11 nicht den November, sondern Januar.

- **y**: Das **y** gibt unser Geburtsjahr an. Dabei verwenden wir immer die letzten beiden Ziffern. Angenommen du bist am 03. November 1971 geboren, dann setzt du für **y** 71 ein. Es gibt jedoch eine Besonderheit. Wenn du im Januar oder Februar geboren bist, verwendest du die letzten beiden Ziffern des Vorjahres. Zum Beispiel, wenn du am 05. Februar 1971 geboren bist, setzt du 70 für **y** ein. Wenn du am 01. Januar 2000 geboren bist, verwendest du 99 für **y**. Das Vorjahr von 2000 ist 1999, und da der Geburtstag im Januar liegt, verwenden wir die letzten beiden Ziffern des Vorjahres.
- **c**: Für **c** setzen wir die ersten beiden Ziffern des Geburtsjahres ein. Wenn du also am 21. Mai 2013 geboren bist, setzen wir für **c** 20 ein. Auch hier gibt es eine Besonderheit: Wenn du in den Monaten Januar oder Februar geboren bist, verwenden wir nicht die ersten beiden Ziffern deines Geburtsjahres, sondern die ersten beiden Ziffern des Vorjahres deines Geburtsjahres. Zum Beispiel, wenn du am 12. Februar 2023 geboren bist, setzen wir 20 für **c** ein. Wenn du am 19. Januar 2000 geboren bist, verwenden wir 19. Wir nehmen also die ersten beiden Ziffern des Vorjahres deines Geburtsjahres, also 1999.
- **mod**: Schließlich haben wir noch **mod**. **mod** steht für Modulo und bedeutet so viel wie »teilen mit Rest«. In unserem Fall haben wir **mod 7**. Das bedeutet, wir betrachten das Ergebnis innerhalb der Klammer davor. Angenommen, wir haben 23 in der Klammer, was ergibt dann **23 mod 7**? Wir überlegen, wie oft 7 in 23 ganzzahlig passt. Die 7 passt dreimal in 23, da 3 mal 7 gleich 21 ist. Bei einer Modulorechnung wird jedoch immer nur der Rest angegeben. In unserem Beispiel

bleibt die 2 als Rest übrig. Daher ergibt **23 mod 7** das Ergebnis 2. Ein weiteres Beispiel: **41 mod 7**? Das Ergebnis ist 6. Die 7 passt 5 mal in 41, und es bleibt ein Rest von 6 übrig. Das Rechnen mit Modulo führt dazu, dass Ergebnisse im Bereich von 0 bis 6 herauskommen, und das sind genau die Zahlen, die den einzelnen Wochentagen zugeordnet sind.

Eine letzte Besonderheit gibt es noch. Vielleicht ist dir in der Formel schon die spezielle Form der Klammern aufgefallen: $\lfloor \; \rfloor$. Die Klammern sind nur nach unten begrenzt. Das bedeutet, dass wir den Wert innerhalb der Klammer berechnen, und wenn das Ergebnis keine ganze Zahl ist, wird abgerundet, auch wenn es eigentlich aufgerundet werden müsste.

Zugegeben, das waren jetzt viele Informationen zu den einzelnen Buchstaben. Wenn du jedoch versuchst, jede Information einzeln zu betrachten, wirst du feststellen, dass du sie alle verstanden hast und sie nur noch in das große Puzzle einsetzen musst. Genauso ist es in der Mathematik. Jede mathematische Aufgabe besteht aus vielen kleinen Puzzleteilen, und obwohl du zu Beginn vielleicht noch nicht das gesamte Bild erkennen kannst, kannst du die einzelnen Teile zusammensetzen. Du wirst erstaunt sein, wie das Bild immer klarer wird. Das ist auch einer der Gründe, warum wir fest davon überzeugt sind, dass jeder Mathematik verstehen kann. Oftmals liegt es nur daran, dass das fehlende Puzzleteil noch nicht gefunden wurde. Mit dem richtigen Puzzleteil kann das Bild sofort deutlich klarer werden.

Lass uns jetzt einmal ausprobieren, ob unsere Formel funktioniert. Josef ist am 05.11.1998 geboren und möchte überprüfen, an welchem Wochentag das war.

Dazu nehmen wir zunächst die Formel:

$$w = \left(d + \lfloor 2{,}6 \cdot m - 0{,}2 \rfloor + y + \left\lfloor \frac{y}{4} \right\rfloor + \left\lfloor \frac{c}{4} \right\rfloor - 2c \right) \mathit{mod}\ 7$$

- In diese Formel setzen wir 5 für das d ein, da Josef am 05. geboren wurde, und für das m setzen wir nach obiger Erklärung eine 9 ein. Die Formel sieht dann wie folgt aus:

$$w = \left(5 + \lfloor 2{,}6 \cdot 9 - 0{,}2 \rfloor + y + \left\lfloor \frac{y}{4} \right\rfloor + \left\lfloor \frac{c}{4} \right\rfloor - 2c \right) \mathit{mod}\ 7$$

- Für y setzen wir 98 und für das c setzen wir 19 ein. Mit allen eingesetzten Werten erhalten wir dann folgende Formel:

$$\left(5 + \lfloor 2{,}6 \cdot 9 - 0{,}2 \rfloor + 98 + \left\lfloor \frac{98}{4} \right\rfloor + \left\lfloor \frac{19}{4} \right\rfloor - 2 \cdot 19 \right) \mathit{mod}\ 7$$

- Als Erstes müssen wir nun unsere besonderen Klammern ausrechnen. Wichtig dabei ist, dass wir das Ergebnis immer abrunden:

$$\lfloor 2{,}6 \cdot 9 - 0{,}2 \rfloor = \lfloor 23{,}2 \rfloor = 23$$

$$\left\lfloor \frac{98}{4} \right\rfloor = \lfloor 24{,}5 \rfloor = 24$$

$$\left\lfloor \frac{19}{4} \right\rfloor = \lfloor 4{,}75 \rfloor = 4$$

- Wenn wir die Werte nun einsetzen, dann sieht unsere Formel folgendermaßen aus:

$$(5 + 23 + 98 + 24 + 4 - 2 \cdot 19)\ \mathit{mod}\ 7$$

- Nun müssen wir nach der Regel *Punkt vor Strich* alles in der Klammer ausrechnen und wir erhalten:

$$116 \, mod \, 7 = 4$$

- Die 7 passt sechzehnmal in die 116 und es bleibt 4 als Rest übrig. Das bedeutet, der 05.11.1998 war ein Donnerstag. Ziemlich cool, oder?

Übrigens: Haben wir zu Beginn des Kapitels zu viel versprochen? Die Formel war anfangs echt unübersichtlich, aber mit dem nötigen Selbstvertrauen, Ruhe und einer Schritt-für-Schritt-Herangehensweise war es dann gar nicht mehr kompliziert. Also, worauf wartest du noch? Berechne schnell den Wochentag deiner Geburt und trage ihn hier ein:

Wo wir gerade bei Geburtstagen sind, dachten wir uns, wir stellen dir noch ein spannendes mathematisches Paradoxon vor. Das *Geburtstagsparadoxon* oder auch *Geburtstagsproblem* befasst sich mit einem Thema, das man nicht unbedingt direkt mit Mathe verbindet: einer Party. Ein Mathematiker war auf einer kleinen Gartenparty und überlegte, wie viele Personen auf dieser Party sein müssten, damit mit einer Wahrscheinlichkeit von über 50 % zwei von ihnen am selben Tag Geburtstag haben. Jetzt die Frage an dich: Wie viele Personen müssten es sein? 36? 360? 3600? Oder mehr? Oder weniger? Trag deinen ersten Gedanken gerne hier ein:

Wir können dir schon so viel sagen: Du wirst vom Ergebnis überrascht sein. Wie können wir uns das Ganze mathematisch vorstellen? Um die Wahrscheinlichkeit auszurechnen, drehen wir die Frage einfach um und berechnen das Gegenereignis, das ist viel einfacher. Wir überlegen uns nun Folgendes: Wie viele Menschen können auf diese Party kommen, sodass die Wahrscheinlichkeit, dass **keiner** am selben Tag Geburtstag hat, kleiner als 50 % ist? Das Jahr hat in der Regel 365 Tage (wir vernachlässigen jetzt einmal den 29. Februar). Du stehst also auf der Tanzfläche, und der erste Gast kommt. Dieser darf nicht am selben Tag Geburtstag haben wie du. Das bedeutet, er darf an 364 von 365 Tagen im Jahr Geburtstag haben, nur nicht an dem Tag, an dem du Geburtstag hast. Nach wenigen Minuten kommt der nächste Gast auf die Party, und er darf nur noch an 363 von 365 Tagen im Jahr Geburtstag haben, damit kein Geburtstag doppelt vorkommt. Mathematisch ausgedrückt sieht das so aus:

$$\frac{365}{365} \cdot \frac{364}{365} \cdot \frac{363}{365} \cdot \ldots$$

Damit wir jetzt herausfinden können, wann die Wahrscheinlichkeit, dass niemand am selben Tag Geburtstag hat wie du, kleiner als 50 % ist, ergänzen wir noch Folgendes in der Rechnung:

$$\frac{365}{365} \cdot \frac{364}{365} \cdot \frac{363}{365} \cdot \ldots < 0{,}5$$

Jetzt können wir die Rechnung so lange mit neuen Gästen erweitern, bis wir einen Wert erhalten, der kleiner als 0,5 ist. Halte dich gut fest: Das gilt schon ab 23 Gästen! Das bedeutet, dass bei 23 Gästen auf einer Party die Wahrscheinlichkeit kleiner als 50 % ist, dass alle an unterschiedlichen Tagen Geburtstag haben. Das bedeutet für unsere ursprüngliche Frage: Bei 23 Gästen auf einer Party ist die Wahrscheinlichkeit, dass zwei Leute am selben Tag Geburtstag haben, höher als 50 %. Wenn es also bei einer Party um Geburtstage geht, kannst du mit deinem mathematischen Wissen glänzen!

Meilensteine der Mathematik – ein historischer Ausflug

Okay, jetzt wollen wir dir noch einen kleinen Einblick geben, welche Entdeckungen die Mathematik über die Jahrtausende geprägt haben. Dazu haben wir 4 Meilensteine herausgesucht.

1. Die Pythagoreer und die Entdeckung der irrationalen Zahlen

Die Pythagoreer waren eine Gruppe von Philosophen, die im 6. Jahrhundert vor Christus in Kroton, im antiken Griechenland, lebte. Sie waren Begleiter und Anhänger von Pythagoras von Samos, der sicher allen ein Begriff ist. Übrigens haben sie den Satz des Pythagoras nicht entdeckt, sondern ihn lediglich für ihre Berechnungen genutzt. Was sie aber entdeckten, waren die irrationalen Zahlen.

Wie haben sie das gemacht? Zur Veranschaulichung: Sie betrachteten ein Quadrat mit der Seitenlänge 1 und wollten die Diagonale berechnen.

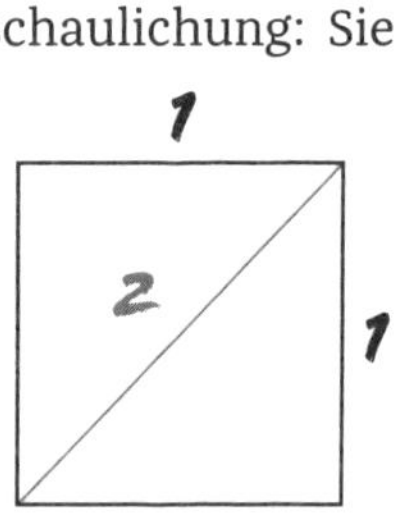

Da sie den Satz des Pythagoras bereits beherrschten, war das eine leichte Übung. Sie rechneten also:

$$a^2 + b^2 = c^2$$
$$\Leftrightarrow 1^2 + 1^2 = c^2$$
$$\Leftrightarrow 2 = c^2 \quad | \sqrt{}$$

Doch plötzlich stießen die Pythagoreer auf ein großes Problem. Sie wollten die Wurzel von 2 berechnen und merkten, dass sie das nicht konnten. Denn damals konnte man Zahlen nur als Verhältnis (Ratio) von zwei Zahlen darstellen. Also zum Beispiel $\frac{1}{2}$ als Verhältnis von der 1 zur 2. Bei der Wurzel aus 2 war das aber nicht möglich, da die Wurzel aus 2 nicht als Verhältnis, also »Ratio«, von 2 Zahlen darstellbar war. Deswegen nannten die Pythagoreer diese Zahlen »irrationale Zahlen«. Das war die Geburtsstunde der irrationalen Zahlen, wie wir sie heute noch kennen.

2. Der Vater der Algebra

Muhammad al-Khwarizmi war ein Gelehrter, der im »Haus der Weisheit« in Bagdad, einem damaligen Zentrum der Wissenschaft, tätig war, welches zum Abbasiden-Kalifat gehörte. Er wird oft als der »Vater der Algebra« bezeichnet und lebte von 780 bis 850 n. Chr. Al-Khwarizmi war einer der ersten islamischen Mathematiker, der die Bedeutung der Null im Zahlensystem erkannte. Er übernahm dieses Konzept aus der indischen Mathematik und entwickelte es weiter, sodass es Eingang in unser heutiges Zahlensystem fand. Er bezeichnete die Null als »as-sifr«, was »die Leere« bedeutet. Das deutsche Wort »Ziffer« ist auch von diesem Begriff abgeleitet.

In seinem berühmtesten Werk »Al-Kitab al-muhtasar fi hisab al-gabr w-al-muqabala« beschrieb al-Khwarizmi verschiedene Rechenoperationen, die durch Ergänzung oder Ausgleich entstanden. Der Begriff »al-gabr« (Ergänzung/Ausgleich) entwickelte sich im Laufe der Zeit zum Begriff »Algebra«. Allgemein lässt sich festhalten, dass nicht nur die alten Griechen, sondern auch viele Wissenschaftler und Gelehrte, die im islamischen Kalifat forschten, einen großen Einfluss auf die Mathematik hatten, wie wir sie heute kennen. Dieser Zeitraum wird oft als das islamische Goldene Zeitalter bezeichnet und erstreckte sich von ca. 700 bis 1200 n. Chr.[3]

3. Der Vater der analytischen Geometrie

In der Renaissance beschäftigte sich ein berühmter Mathematiker und Philosoph mit Algebra und Geometrie. Er führte diese beiden bis dahin streng voneinander getrennten Themengebiete zusammen und begründete damit die analytische Geometrie. Dieser französische Mathematiker hieß René Descartes und lebte von 1596 bis 1650. Er entwickelte außerdem ein Verfahren, mit dem Punkte in einem Raum oder auf einer Fläche gezielt benannt und eingezeichnet werden konnten. Noch heute nutzt jeder Schüler und jede Schülerin dieses nach ihm benannte kartesische Koordinatensystem.[4]

4. Die Grundlagenkrise der Mathematik

Der deutsche Mathematiker Georg Cantor betrachtete, wie sich Mengen zueinander verhalten, und entwickelte das Konzept der Mengenlehre. Dadurch konnten unter anderem bestimmte Zahlenmengen miteinander verglichen werden. Die Entdeckung der Mengenlehre führte in der Mathematik zu einer großen Grundlagenkrise. Es traten viele verschiedene Paradoxa auf, die weitreichende Fragen für die Mathematik im Allgemeinen aufwarfen. Das bekannteste ist das »Russellsche Paradoxon«. Dieses thematisiert die Menge aller Mengen, die sich selbst nicht als Mitglied enthalten. Wie kannst du dir das vorstellen? Angenommen, du hast eine Dose und in dieser Dose können andere

Dosen enthalten sein. Einige haben die besondere Eigenschaft, sich selbst enthalten zu können, während andere das nicht können. Darüber hinaus gibt es noch eine ganz besondere Dose: Sie enthält nämlich alle Dosen, die sich nicht selbst enthalten. Das Paradoxon entsteht, wenn wir uns fragen, ob diese besondere Box sich nun selbst enthält oder nicht. Warum greift hier das Paradoxon? Wenn die Dose sich selbst enthält, dann sollte sie nach ihrer eigenen Regel (sie enthält ja nur die Dosen, die sich NICHT selbst enthalten) nicht in sich selbst enthalten sein, und wenn sie sich selbst nicht enthält, dann sollte sie nach ihrer eigenen Regel in sich selbst enthalten sein (sie enthält ja schließlich alle Dosen, die sich selbst NICHT enthalten). Deswegen entsteht an dieser Stelle ein Widerspruch, der durch reine Logik nicht aufzuheben ist.

Im Folgenden wurden viele Überlegungen angestellt, wie Gesetzmäßigkeiten formuliert werden können, damit diese Widersprüche nicht auftreten. Bis heute wurde hierfür keine abschließende Lösung gefunden. Man einigte sich darauf, dass bestimmte Aussagen weder bewiesen noch widerlegt werden können. Durch die Axiomatisierung der Mengenlehre und die Entwicklung der mathematischen Logik wurde die Mathematik jedoch auf sichere Beine gestellt. Wer weiß, vielleicht bist du ja die erste Person, die hier einen Durchbruch schafft? Nachdem wir nun diese kleine Zeitreise gemacht haben, wollen wir uns im folgenden Kapitel anschauen, wo wir die Mathematik direkt und unmittelbar um uns herum finden – und zwar direkt in der Natur.

Mathematik in der Natur

Mathematik finden wir überall, zumindest hören wir das immer wieder. Wir wollen in diesem Kapitel einmal die Lupe rausholen und schauen, wo wir die Mathematik in der Natur finden.

Warum Bienen hervorragende Mathematikerinnen sind

Im Bienenvolk wird nichts dem Zufall überlassen. In diesem Kapitel wollen wir uns anschauen, wie die Bienen durch mathematische Optimierung ihren Materialverbrauch drastisch reduziert haben. Dazu eine kleine Geschichte:

Das Bienenvolk der Mindos hat ein Problem: Ihm geht das Wachs aus. Ohne Wachs gibt es aber auch keinen frischen Honig und keine Waben, um die Larven unterzubringen. Deshalb überlegt sich der führende Bienenmathematiker Willi, dass es doch eine ressourcensparende Form der Waben geben muss. Doch was bedeutet in diesem Fall ressourcensparend? Willi möchte eine möglichst große Wabe haben und dabei so wenig Wachs wie möglich verbrauchen.

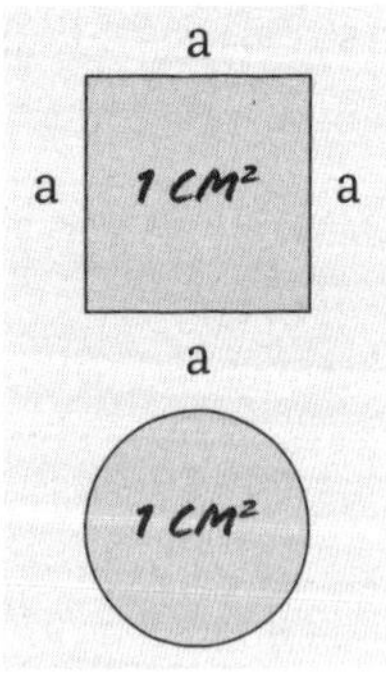

Dazu betrachtet Willi ein Quadrat und einen Kreis und überlegt, ob es eine überlegene Form gibt, also eine Form, bei der der Inhalt im Vergleich zum Umfang möglichst groß ist. Er konstruiert einen Kreis mit einem Flächeninhalt von 1 cm² und ein Quadrat mit einem Flächeninhalt von 1 cm².

Bei dem Quadrat ist es für Willi relativ einfach, den Umfang zu berechnen. Jede Seite hat eine Länge von 1 cm, also rechnet er:

$$U_{Quadrat} = 4 \cdot a$$

$$\Leftrightarrow U_{Quadrat} = 4 \cdot 1\,cm = 4\,cm$$

Als Nächstes macht sich Willi daran zu ermitteln, wie groß der Umfang des Kreises ist. Das gestaltet sich durchaus komplizierter. Zwei Aspekte kennt er jedoch: Die Formel für den Umfang und die für den Flächeninhalt. Die Formel für den Umfang lautet »$U_{Kreis} = 2 \cdot \pi \cdot r$« und die Formel für den Flächeninhalt »$A_{Kreis} = \pi \cdot r^2$«. Willi kennt zwar den Radius noch nicht, aber er hat eine Idee, wie er diesen ermitteln kann.

Er nutzt ganz einfach die Formel für den Flächeninhalt und stellt sie nach dem Radius um. Dazu bringt er alles auf eine Seite außer dem Radius, somit kann er genau ablesen, wie groß der Radius ist.

$$A_{Kreis} = \pi \cdot r^2$$

$$\Leftrightarrow 1\,cm^2 = \pi \cdot r^2 \quad |: \pi$$

$$\Leftrightarrow \frac{1\,cm^2}{\pi} = r^2 \quad |\cdot \surd$$

$$\Leftrightarrow \sqrt{\frac{1\,cm^2}{\pi}} = r$$

$$\Leftrightarrow 0{,}56 \approx r$$

Jetzt hat Willi den Radius des Kreises berechnet und ist seinem gesuchten Umfang ein ganzes Stück näher gekommen. Als Nächstes setzt er den Wert für den Radius in die Formel für den Umfang ein und betrachtet anschließend das Ergebnis:

$$U_{Kreis} = 2 \cdot \pi \cdot r$$
$$\Leftrightarrow U_{Kreis} = 2 \cdot \pi \cdot 0{,}56\,cm$$
$$\Leftrightarrow U_{Kreis} \approx 3{,}52\,cm$$

Willi hat es geschafft! Er hat eine Konstruktion für die Waben gefunden, die Ressourcen schont. Ein Kreis hat bei einem Flächeninhalt von 1 cm^2 nur einen Umfang von 3,52 cm, während ein Quadrat einen Umfang von 4 cm hat. Er hat sogar noch weitere Formen ausprobiert und erkannt: Je weniger Ecken eine Fläche hat, desto größer ist der Umfang im Verhältnis zum Flächeninhalt. In diesem Moment fragt sich Willi, ob ein Kreis ein Vieleck mit unendlich vielen Ecken ist, oder ob der Kreis keine Ecken hat. Dieser Frage will er sich jedoch erst in Zukunft widmen. Jetzt geht es zunächst darum, die neuen kreisrunden Waben herzustellen. Er macht sich also mit seinem Bienenvolk an die Arbeit und baut die ersten Prototypen. Doch ihm wird schnell klar, dass es ein großes Problem gibt: Zwischen den einzelnen Waben entstehen riesige Löcher.

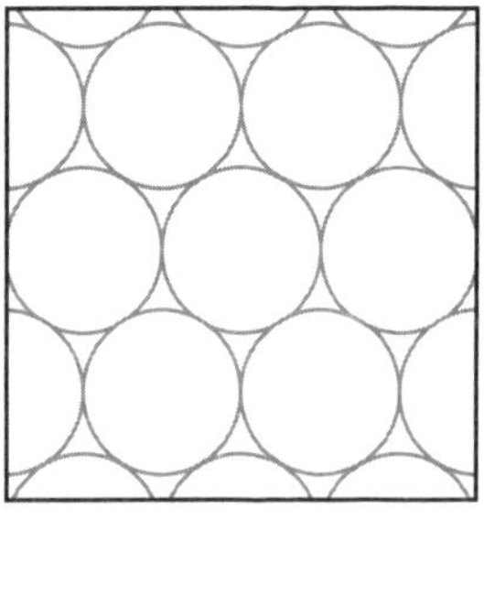

Diese Löcher sind natürlich alles andere als optimal. Da Willi jedoch ein herausragender Mathematiker ist, schaut er sich seinen Prototyp noch einmal genau an. Plötzlich er-

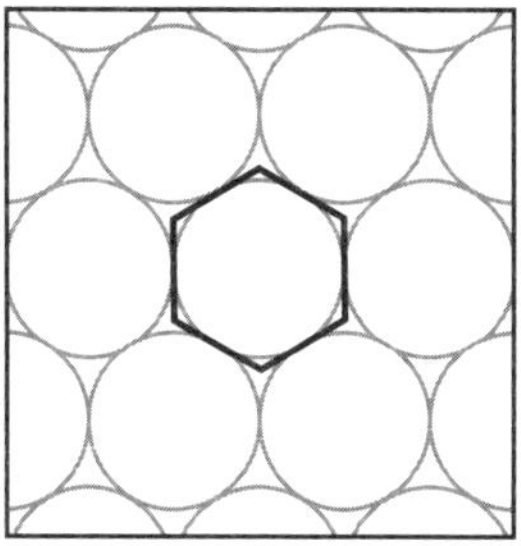

kennt er eine Lösung: An jeden Kreis grenzen genau sechs weitere Kreise. Wenn er die Waben nun nicht rund, sondern sechseckig gestaltet, spart er im Vergleich zum Quadrat immer noch Wachs und vermeidet gleichzeitig die Entstehung von Löchern wie bei der Konstruktion mit dem Kreis. Manchmal reicht es, sich einfach der Logik zu bedienen, und es ist keine große Rechnung notwendig.

Damit hat Willi es geschafft, die Waben für die Bienen zu optimieren. Ein wunderbarer Nebeneffekt: Die sechseckigen Waben sind im Vergleich zu den quadratischen Waben auch viel stabiler. Es ist nun nicht mehr möglich, einzelne Spalten oder Reihen herauszuschieben, da alle Waben miteinander verzahnt sind.

Definitiv hat Willi damit einen enormen Grundstein für die Zukunft seines Bienenvolkes, den Mindos, gelegt, und er ist gleichzeitig zu einem großen Vorbild für uns Menschen geworden.

Auch wir haben die vorteilhafte Eigenschaft der sechseckigen Form erkannt. Wenn ihr zum Beispiel das nächste Mal an einer Tankstelle seid, werft einen genauen Blick auf den Boden unter euren Füßen. Was fällt euch auf? Genau, der Boden ist mit sechseckigen Pflastersteinen ausgestattet. Der Boden an einer Tankstelle ist aufgrund des ständigen Anfahrens und Bremsens starken Kräften ausgesetzt. Daher bieten die sechseckigen Pflastersteine einen stabilen Untergrund, der nicht verrutschen kann. Das gilt auch für Fliesen im Badezimmer. Wenn man sechseckige Fliesen verwendet, minimiert man die Fläche, auf der sich Schimmel und Schmutz ansammeln können.

Der goldene Schnitt und die Fibonacci-Folge

Aber nicht nur Bienenwaben spiegeln mathematische Gesetzmäßigkeiten wider. Es gibt auch andere Phänomene, die wir in der Natur erkennen können. Die wohl spannendste Entdeckung stammt von Leonardo da Pisa, der uns besser bekannt ist als Fibonacci. Er entdeckte eine mathematische Folge, die bis heute weltberühmt ist und sich in der Kunst und der Philosophie findet. Bevor wir uns anschauen, wo und wie sie erkennbar wird, wollen wir uns zunächst den Aufbau der sogenannten Fibonacci-Folge ansehen.

Dabei ergibt sich der nächste Eintrag immer durch die Addition der beiden vorherigen Einträge. Die ersten beiden Einträge sind zwei Einsen. Der dritte Eintrag ist dann eine 2 und so weiter:

1+2=3 3+5=8 8+13=21 21+34=55

1 1 2 3 5 8 13 21 34 55 89

1+1=2 2+3=5 5+8=13 13+21=34 34+55=89

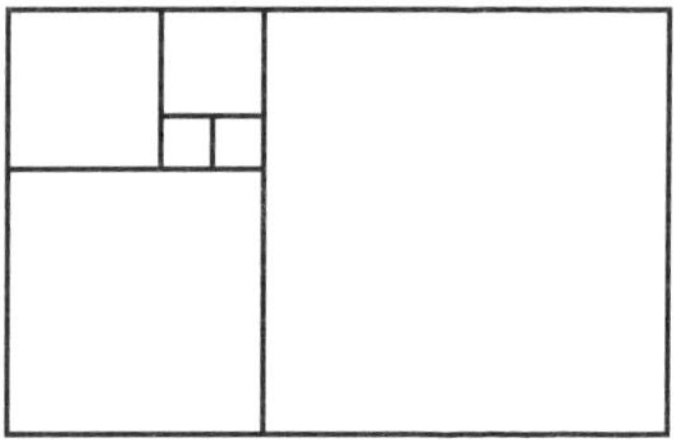

Diese Folge ist unendlich und hat einige Besonderheiten. Zum Beispiel die grafische Darstellung. Wenn wir aus den Zahlen Quadrate mit den Seitenlängen der Fibonacci-Zahlen erstellen, erhalten wir folgendes Muster:

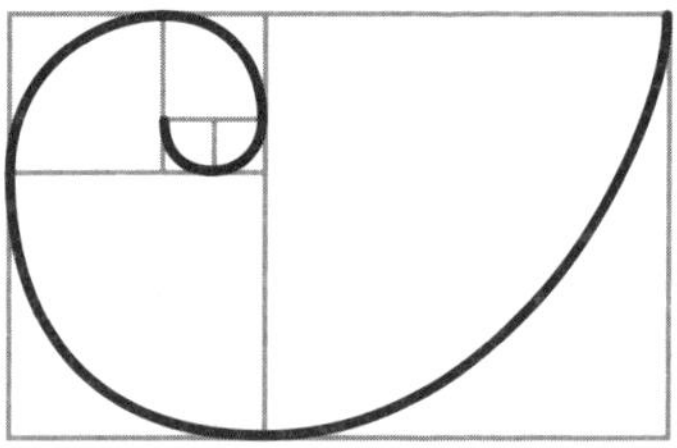

Es sieht zunächst nicht spektakulär aus, doch es wird sehr interessant, wenn wir eine geschwungene Linie durch diese Kästchen zeichnen:

Wir erkennen sofort das Muster eines Schneckenhauses, und tatsächlich passen die Proportionen erstaunlich genau zu denen eines echten Schneckenhauses. Diese Proportionen gelten als besonders ästhetisch und finden sich in vielen Kunstwerken wieder, auch im wohl bekanntesten Bild überhaupt, der Mona Lisa[5]:

Aber nicht nur die grafische Darstellung der Fibonacci-Folge wird in der Kunst umgesetzt, sondern auch der sogenannte Goldene Schnitt. Das Besondere dabei ist, dass der Goldene Schnitt direkt aus der Fibonacci-Folge resultiert. Wenn wir zwei aufeinanderfolgende Zahlen der Fibonacci-Folge teilen, nähern wir uns immer mehr dem Goldenen Schnitt. Je höher die Zahlen der Fibonacci-Folge sind, desto genauer ist der Wert des Goldenen Schnitts. Der Goldene Schnitt wird mit dem griechischen Buchstaben Phi (Φ) bezeichnet und beträgt: $\Phi = 1{,}61\,803\,398\ldots$

Hier zur Veranschaulichung Berechnungen mithilfe der Fibonacci-Folge:

$$\frac{8}{5} = 1{,}6\ ;\ \frac{13}{8} = 1{,}625\ ;\ \frac{21}{13} = 1{,}615\ ;\ \frac{34}{21} = 1{,}619\ \ \textit{usw.}$$

Was macht den Goldenen Schnitt so besonders? Hier kommt wieder Leonardo da Vinci ins Spiel. Er entdeckte, dass 1,61 803 398 ein Verhältnis angibt, das von uns Menschen als besonders ästhetisch empfunden wird.[6]

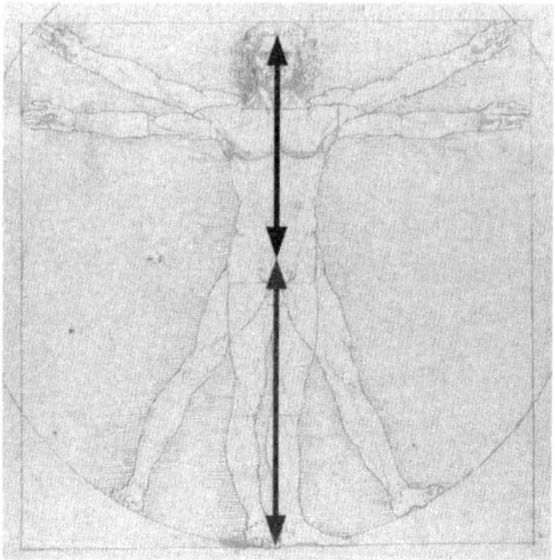

Da Vinci erkannte, dass viele Proportionen im Menschen genau dem Goldenen Schnitt folgen. Teilt man beispielsweise den Abstand vom Boden bis zum Bauchnabel durch den Abstand vom Bauchnabel bis zur Stirn, ergibt sich genau der Wert des Goldenen Schnitts.

Das Verhältnis von Schulter zu Fingerspitzen und das von Ellenbogen zu Fingerspitzen folgt ebenfalls dem Goldenen Schnitt. Gleiches gilt für die Proportionen von Hüfte zu Sohle im Vergleich zu Knie zu Sohle. Es ist wirklich erstaunlich, wie alles in der Mathematik zusammenhängt. Ob da Vinci damals schon wusste, dass uns die Mathematik und ihre Besonderheiten bis heute begleiten? Wir wollen uns im nächsten Abschnitt einmal anschauen, in welchen Bereichen wir heute tagtäglich die Mathematik finden.

Zahlen, Formen und Wahrscheinlichkeiten im Alltag

Wenn du dir deinen Alltag anschaust, wirst du immer wieder merken, dass dir die Mathematik häufig begegnet. In diesem Kapitel zeigen wir dir, wie du dir das zunutze machen kannst. Eine Art praktische mathematische Lebenshilfe. Viel Spaß!

Mehrwertsteuer

In Deutschland unterscheiden wir zwischen Netto- und Bruttopreisen. Es kann oft vorkommen, dass Preise brutto angegeben werden, du den Preis jedoch netto benötigst oder umgekehrt. Doch wie rechnet man das korrekt um? Angenommen, du kaufst deine Lieblingshose für 100 Euro. In Deutschland beträgt die Mehrwertsteuer 19 %. Wie hoch ist dann die Mehrwertsteuer in absoluten Zahlen ausgedrückt? Intuitiv würdest du sicherlich an 19 Euro denken, denn 19 % von 100 Euro sind ja 19 Euro. Das ist jedoch nicht korrekt und ein typischer Fehler, der uns allen häufig im Alltag unterläuft. Der Kaufpreis setzt sich aus den Nettokosten der Hose (100 %) und der Mehrwertsteuer (19 %) zusammen. Der Bruttokaufpreis entspricht also nicht 100 %, sondern 119 %. Jetzt kannst du ganz einfach den Dreisatz nutzen und den Wert der Mehrwertsteuer berechnen.

Dazu teilst du zunächst beide Seiten durch 119:

$$119\,\% = 100\,€ \quad |:119$$

$$\Leftrightarrow 1\,\% = \frac{100\,€}{119}$$

Jetzt weißt du, welchen Wert du 1% zuordnen kannst. Um nun den Wert für die 19% zu ermitteln, musst du nur noch beide Seiten mit 19 multiplizieren und erhältst dann Folgendes:

$$1\,\% = \frac{100\,€}{119} \quad |\cdot 19$$

$$\Leftrightarrow 19\,\% \approx 15{,}97\,€$$

Bei einem Kaufpreis von 100 Euro entspricht die Mehrwertsteuer also nicht 19 Euro, sondern nur ungefähr 16 Euro. Also immer beachten, wenn du hier zukünftig etwas umrechnen musst.

Inflation

Ein weiteres Thema, das uns immer wieder begegnet, ist die Inflation. Doch was genau ist Inflation und wie wird sie berechnet? Die Inflation zeigt den Anstieg des Preisniveaus an. Hierfür gibt es den Verbraucherpreisindex (VPI). Dieser Index umfasst verschiedene Waren und Güter. Dabei wird stets betrachtet, inwiefern sich die Kosten dieser repräsentativen Waren und Güter im Vergleich zum gleichen Monat des Vorjahres verändert haben. Die Formel zur Berechnung sieht wie folgt aus:

$$\frac{Neuer\ VPI - Früherer\ VPI}{Früherer\ VPI} \cdot 100$$

Durch diese Formel wird die prozentuale Abweichung des VPI im Vergleich zum Vorjahr berechnet. Was bedeutet das konkret für deinen Geldbeutel? Hier ein kleines Beispiel: Stell dir vor, du hast 100 000 Euro gespart und es gibt eine Inflation von 8 %. Wie viel Geld benötigst du nach 10 Jahren, um dir dasselbe kaufen zu können wie jetzt mit den 100 000 Euro? Um das herauszufinden, müssen wir den Wert bestimmen, der in 10 Jahren den 100 000 Euro entspricht. Dies tun wir wie folgt:

$$100\,000\,€ \cdot 1{,}08^{10} \approx 215\,892{,}50\,€$$

In 10 Jahren benötigst du also 215 892,50 Euro, um dir dasselbe leisten zu können wie heute mit 100 000 Euro. Wenn du die 100 000 Euro einfach behältst und sie durch die Inflation stetig an Wert verlieren, wie groß ist dann die Kaufkraft der 100 000 Euro nach 10 Jahren noch? Um das herauszufinden, rechnest du wie folgt:

$$100\,000\,€ \cdot \left(\frac{1}{1{,}08}\right)^{10} \approx 46\,319{,}35\,€$$

Das bedeutet, die 100 000 Euro sind nach 10 Jahren so viel wert wie heute 46 319,35 Euro. Krass, oder?

Zinsen

Zuletzt geht es um das Thema Zinsen. Dazu wollen wir dir die berühmte Geschichte vom »Josefspfennig« erzählen. Josef legt zur Geburt von Jesus 1 Euro auf einem Sparkonto an, dieser wird mit 5 % verzinst. Wie viel Geld kommt zusammen, wenn Jesus jedes Jahr die Zinsen zur Seite legt, und was passiert, wenn die Zinsen nicht entnommen werden und immer wieder mitverzinst werden? Wir sprechen dann von einem Zinseszinseffekt. Überlege gerne einmal für dich und trage dein Ergebnis hier ein:

Vermögen nach 2023 Jahren **ohne** Zinseszinseffekt: ______

Vermögen nach 2023 Jahren **mit** Zinseszinseffekt: ______

Als Erstes schauen wir uns die Rechnung ohne Zinseszinseffekt an.

Die Formel lautet wie folgt:

$$Z = K \cdot p \cdot t$$

Z gibt dabei die Zinsen an, die über den Zeitraum zusammengekommen sind, K ist das Startkapital, also in unserem Fall 1 Euro, p ist der Zinssatz, der liegt ja bei 5 % (0,05), und t gibt die Dauer an, also 2023 Jahre. Setzen wir nun alles in die Formel ein, erhalten wir:

$$1\,€ \cdot 0{,}05 \cdot 2023 = 101{,}15\,€$$

Insgesamt sind dann also ungefähr 100 Euro an Zinsen zusammengekommen.

Wie sieht es nun mit dem Zinseszinseffekt aus? Die Formel dafür lautet:

$$K_t = K_0 \cdot (1 + p)^t$$

K_t steht dabei für das Kapital nach 2023 Jahren, K_0 steht für das Startkapital und p und t stehen wieder für den Zinssatz und die Dauer. Wir setzen also einmal unsere Werte ein:

$K_t = 1\,€ \cdot (1+0{,}05)^{2023} \approx 7\,344\,327\,224\,000\,000\,000\,000\,000\,000\,000\,000\,000\,000\,000\,€$

Kannst du sagen, wie der Name dieser Zahl ist? Damit es etwas einfacher wird, geben wir das Ganze in Vermögen von Elon Musk an. Das geschätzte Vermögen von Elon Musk beträgt 252 Milliarden Euro.[7]

Somit hat Josef dann 29 144 155 650 000 000 000 000 000 000 000-mal das Vermögen von Elon Musk. Okay, das macht es nicht viel einfacher. Es zeigt uns aber, wie unfassbar viel das ist und wie mächtig der Zinseszinseffekt ist.

Im nächsten Kapitel werden wir dafür sorgen, dass du beim Einkauf nicht nur aufgrund der Mehrwertsteuer an die Mathematik denkst.

Das Dosenproblem – Mathe im Supermarkt

Standest du jemals vor dem Konservendosenregal im Supermarkt und hast dir gedacht »Ach, die Mathematik kann so schön sein«? Nein? Dann werden wir das jetzt ändern, denn hinter Konservendosen steckt viel mehr Mathematik, als du gedacht hättest. Warum etwa sieht eine typische 425-ml-Dose meistens gleich aus? Schließlich könnten die Hersteller doch auf die Idee kommen, die Maße etwas zu ändern, um sich von der Konkurrenz abzusetzen.

Dosenhersteller, die Millionen von Konservendosen produzieren, wollen selbstverständlich möglichst viel Gewinn machen. Wie können sie das erreichen? Indem die Dosen möglichst kostengünstig produziert werden. Das ist am einfachsten zu bewerkstelligen, wenn man den Materialverbrauch so gering wie möglich hält. Eine 425-ml-Dose, die einen Radius von 3 cm und eine Höhe von ca. 15 cm hat, benötigt dabei mehr Material als eine Dose mit 5 cm Radius und etwa 5,4 cm Höhe (339 cm^3 *vs.* 327 cm^3).

Eigentlich ist die Mathematik nichts anderes als eine Sprache. Und unsere Aufgabe als Mathematiker ist es, unsere Alltagssprache in die Sprache der Mathematik zu übersetzen. Wenn hier also die Rede von einem möglichst geringen Materialverbrauch ist, dann lautet die Übersetzung in die Sprache der Mathematik, dass die Oberfläche der Dose möglichst gering sein soll. Und wie es mit jeder Sprache ist, muss man üben, um sie gut übersetzen zu können. Macht man das aber regelmäßig, so weiß man irgendwann auf Anhieb, dass die Vokabel »Materialverbrauch« so viel wie »Oberfläche« bedeutet.

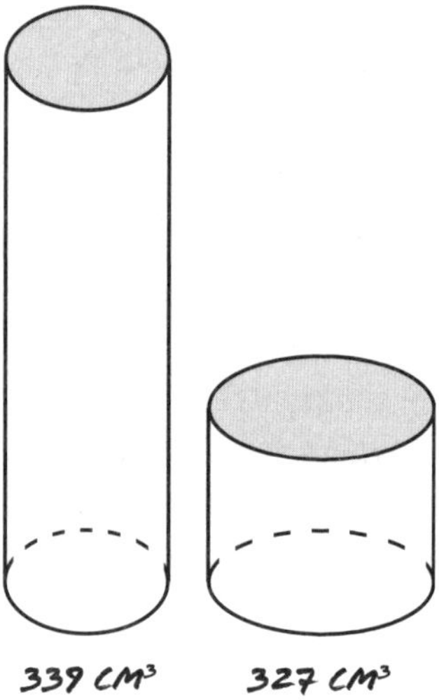

Die ideale Dose – Vorbereitung

Wie aber können wir diese ideale Dose finden, die bei einem Volumen von 425 ml so wenig Material wie möglich verbraucht? Theoretisch könnten wir natürlich den Oberflächeninhalt aller Dosenvarianten einmal berechnen und so die idealen Maße herausfinden. Das dauert aber viel zu lange und ist sehr umständlich. Die Lösung lässt sich viel einfacher mit ein paar kleinen Mathetricks herausfinden.

Bevor wir uns ans Rechnen machen, schreiben wir noch einmal alle wichtigen Infos auf.

Die Dose soll …

- zylinderförmig sein
- 425 ml fassen
- möglichst wenig Material verbrauchen

Mit folgenden Schritten finden wir diese Dose:

1. Was soll minimiert werden?

Minimiert werden soll der Materialverbrauch der Dose. Oder in die mathematische Sprache übersetzt, der Oberflächeninhalt.

2. Wie lautet die Formel, um den Oberflächeninhalt zu berechnen?

Die Dose hat die Form eines Zylinders. Die Oberfläche eines Zylinders berechnen wir, indem wir den Flächeninhalt der Grundfläche (Boden) und des Deckels berechnen ($2 \cdot \pi \cdot r^2$) und die Mantelfläche addieren ($2 \cdot \pi \cdot r \cdot h$), die »außen um die Dose herumgeht«.

$$O = 2 \cdot \pi \cdot r^2 + 2 \cdot \pi \cdot r \cdot h = 2 \cdot (\pi \cdot r^2 + \pi \cdot r \cdot h)$$

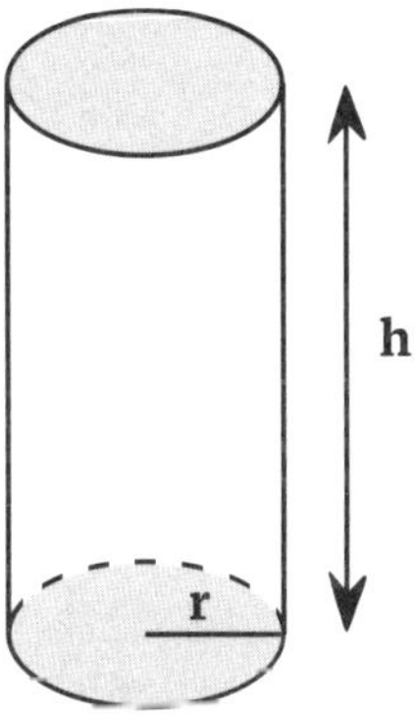

3. Muss die Dose bestimmte Merkmale erfüllen?

Ja, sie muss 425 ml fassen.

4. Kann man das in die Sprache der Mathematik übersetzen?

Mit welcher mathematischen Kennzahl drückt man aus, wie viel Inhalt ein Körper fassen kann? Genau, mit dem Volumen. Wenn wir davon ausgehen, dass in den Zylinder 425 ml passen sollen, dann muss der Zylinder also ein Volumen von 425 cm^3 haben.

5. Wie lautet die Formel, um das Volumen eines Zylinders zu berechnen?

Sie lautet $V = \pi \cdot r^2 \cdot h$ und da wir das Volumen, das der Zylinder haben soll, mit 425 ml schon kennen, können wir es in die Formel einsetzen: $425\ cm^3 = \pi \cdot r^2 \cdot h$. Damit wir gleich ganz einfach weiterrechnen können, stellen wir das nach *h* um.

$$425 = \pi \cdot r^2 \cdot h \quad |: \pi \cdot r^2$$
$$\Leftrightarrow \frac{425}{\pi \cdot r^2} = h$$

Rechnung

Was meinst du, reichen die gerade von uns angestellten Überlegungen aus, um die perfekte Dose zu berechnen? Probieren wir es aus:

> Manchmal klingen die Dinge in der Mathematik viel komplizierter, als sie es tatsächlich sind. Hier trickst dein Kopf dich aus. Er vermittelt dir nämlich den Eindruck, dass sehr viele Elemente notwendig sind, um die Aufgabe zu lösen, und die Lösung kompliziert ist. Wenn du einmal das Gefühl haben solltest, dass eine Aufgabe zu schwer ist, oder du nicht weißt, wie es weitergeht, dann: Schreibe alles auf, was du schon berechnet hast und im Zusammenhang mit deiner Aufgabe steht. Dann hast du einen Überblick über die wirklich wichtigen Informationen, Gleichungen, Formeln und so weiter und blendest automatisch alles Unwichtige aus. Und nun kannst du ganz in Ruhe und mit einer tollen Übersicht auf die Aufgabe schauen und ganz einfach zur Lösung kommen.

Ziel ist es, dass die Oberfläche einen möglichst kleinen Wert annimmt. $O = 2 \cdot (\pi \cdot r^2 + \pi \cdot r \cdot h)$ muss also möglichst klein sein. Damit wir die Oberfläche aber auf ihren kleinsten Wert hin überprüfen können, darf in der Formel nur ein einziger Buchstabe (Variable) vorkommen. Sonst sind die Rechenverfahren und grafischen Darstellungen zu kompliziert.

In unserem Fall haben wir nur 2 Gleichungen, mit denen wir rechnen können.

$$O = 2 \cdot (\pi \cdot r^2 + \pi \cdot r \cdot \boldsymbol{h}) \qquad \boldsymbol{h} = \frac{425}{\pi \cdot r^2}$$

Dadurch wird die Lösung der Aufgabe dann plötzlich ganz simpel. In der linken Formel für die Oberfläche stehen nur die Buchstaben r und h, da π ja eine konstante Zahl ist. Wir möchten, dass in ihr aber nur ein Buchstabe vorkommt. In der Gleichung rechts haben wir schon herausgefunden, dass h nichts anderes als $\frac{425}{\pi \cdot r^2}$ ist. Wir können also statt h auch einfach $\frac{425}{\pi \cdot r^2}$ schreiben, denn es ist ja das Gleiche. Dadurch ergibt sich:

$$\begin{aligned} O &= 2 \cdot \left(\pi \cdot r^2 + \pi \cdot r \cdot \boldsymbol{\frac{425}{\pi \cdot r^2}}\right) \\ &= 2 \cdot \left(\pi \cdot r^2 + \frac{425}{r}\right) \end{aligned}$$

Tadaaa! Nun hängt die Formel nur noch von dem Buchstaben r, für Radius, ab. Lassen wir uns die Funktion von einem Matheprogramm zeichnen, dann können wir auf einen Blick sehen, welchen Radius die 425-ml-Dose mit dem geringsten Oberflächeninhalt haben muss.

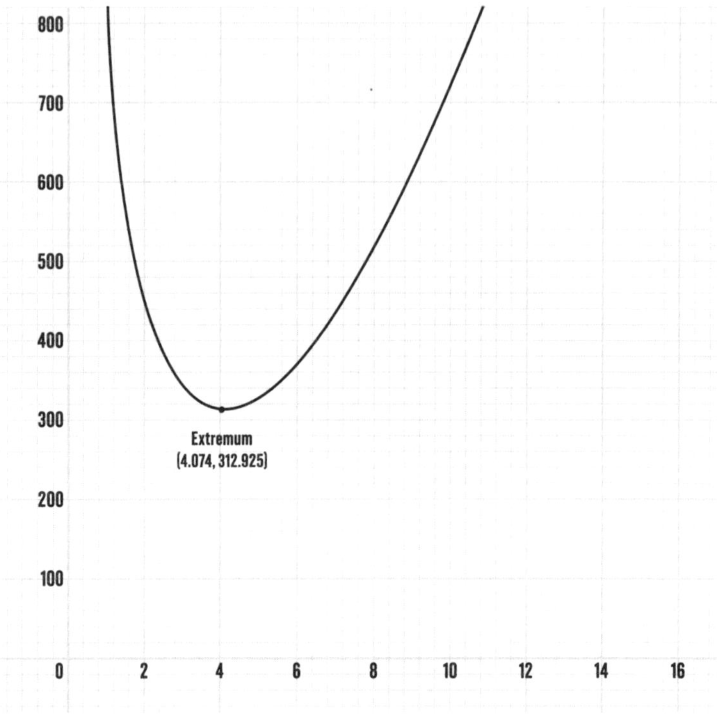

Die ideale Dose hat also einen Radius von ca. 4,07 cm und eine Oberfläche von ca. 312,93 cm^2. Die Höhe der Dose können wir jetzt mit einem kleinen Schritt ausrechnen und haben dann alle Maße gefunden, die ein Dosenhersteller braucht.

Wir haben in den vorherigen Schritten schon berechnet, dass $h = \frac{425}{\pi \cdot r^2}$. Und den Radius r haben wir gerade herausgefunden, er liegt bei ca. 4,07 cm. Die Höhe der Dose lautet also

$$h = \frac{425}{\pi \cdot (4{,}07)^2} \approx 8{,}17\ (cm)$$

Realitätscheck
Die Maße der typischen 425-ml-Konservendose entsprechen tatsächlich ziemlich genau unseren berechneten Maßen. Die großen Dosenhersteller dieser Welt haben sich also die gleichen Rechenverfahren zunutze gemacht wie wir gerade, um die ideale Dosenform zu finden, die ihnen die geringsten Kosten verursacht und damit den meisten Gewinn einspielt. Wenn du nun also das nächste Mal durch den Supermarkt gehst, dann laufe nicht einfach am Dosenregal vorbei, sondern nimm dir einen Moment Zeit, um die geniale Mathematik hinter ihnen zu erkennen.

Flugangst vs. Mathematik

Das Fliegen fasziniert uns Menschen schon seit jeher. Früher waren es Vögel, die man für ihre Fähigkeiten bewunderte, später haben wir Maschinen erfunden, die es auch uns ermöglichten, in den Wolken zu schweben. Heute heben jeden Tag über 200 000 Flugzeuge vom Boden ab und befördern Frachten und Passagiere in die ganze Welt. Das klappt in den meisten Fällen reibungslos, manchmal wartet aber doch die eine oder andere Überraschung auf uns. Nicht nur eine lange Schlange am Schalter. Auf einer Flugreise kann auch alles Mögliche schiefgehen. Was genau und wie wahrscheinlich solche Umstände sind, wollen wir uns anhand einer kleinen Geschichte anschauen. Unser Protagonist Thomas wird seinen Flug in den Urlaub wohl nicht so schnell vergessen …

Eigentlich fing der Tag ganz normal an. Thomas freute sich schon seit Wochen darauf, endlich in den Golfurlaub nach Spanien zu fliegen. Das Hotel war gebucht und die Sachen waren gepackt. Los ging es also zum Flughafen. »Puh, das ist aber eine lange Schlange bei der Gepäckabgabe«, dachte sich Thomas. »Zum Glück bin ich rechtzeitig hier.« Nach rund 45 Minuten Wartezeit war er dann endlich dran und legte seinen Koffer auf das Band. Die nette Flughafenmitarbeiterin nahm seinen Ausweis entgegen und versuchte, ihn für den Flug einzuchecken. Nach kurzer Zeit schaute sie mit einem vertröstenden Blick auf und sagte: »Es tut mir wirklich sehr leid, aber ich kann Sie nicht für den Flug einchecken. Wir haben nämlich keine Sitze mehr frei.« »Aber ich habe den Flug doch gebucht«, entgegnete Thomas etwas überrascht. »Ja, das haben Sie. Das kann ich auch im System sehen, aber aus irgendeinem Grund sind schon alle Plätze auf diesem Flug vergeben. Ich habe so etwas noch nicht erlebt, bin allerdings auch neu hier. Ich werde einmal telefonieren und nach einer Lösung suchen.«

Hatte das System bei Thomas' Flug etwa versagt? Was war passiert? Tatsächlich ist Thomas kein Einzelfall. Fluggesellschaften verkaufen regelmäßig mehr Tickets, als Plätze für einen Flug zur Verfügung stehen. Sie wissen nämlich genau, dass es immer einige Passagiere gibt, die ihren Flug nicht antreten, weil etwas dazwischengekommen ist oder sich ihre Pläne geändert haben. Anstatt also mit einem Flugzeug zu fliegen, das nicht voll ausgelastet ist, gehen sie lieber das Risiko ein, dass mehr Gäste zum Flug erscheinen als erwartet und einige keinen Platz bekommen, obwohl sie den Flug gebucht haben. In diesem Fall werden die Passagiere, die keinen Platz bekommen, aber natürlich entschädigt. Thomas' Fall ist allerdings eine Seltenheit, normalerweise muss niemand auf seinen Flug verzichten. Das liegt daran, dass ein paar kluge Köpfe berechnet haben, wie viele Tickets eine Fluggesellschaft verkaufen kann, ohne groß Gefahr zu laufen, dass ein Fluggast nicht mitgenommen werden kann. Wir schauen einmal, wie groß die Wahrscheinlichkeit ist, dass zu Thomas' Flug mehr Gäste erscheinen, als es Tickets gibt.

Thomas' Fluggesellschaft FlyMind hat uns dafür netterweise ein paar ihrer Daten zur Verfügung gestellt:

- In ihren Airbus A320 passen 150 Passagiere.
- Verkauft werden auf dem Flug nach Spanien allerdings immer 165 Tickets.
- Eine Person erscheint zu 85 % zu ihrem gebuchten Flug.

Diese wenigen Daten reichen schon aus, um zu berechnen, wie groß die Wahrscheinlichkeit ist, dass zu viele Gäste zum Flug erscheinen. Das Rechenprinzip dafür schauen wir uns zuerst an einem einfachen Beispiel an:

Nehmen wir an, dass das Flugzeug nur Platz für 2 Passagiere hat und die Fluggesellschaft 2 Tickets verkauft hat. Nun möchte die Airline berechnen, wie wahrscheinlich es ist, dass beide Gäste, nur ein Gast oder kein Gast zum Flug erscheint. Zur Erinnerung: Zu 85 % erscheint ein Passagier zum gebuchten Flug.

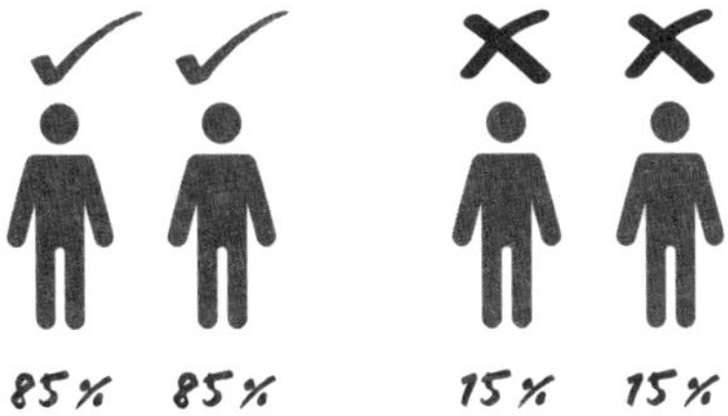

Für den Fall, dass beide zum Flug erscheinen, müssen die 85 % beim ersten Gast und die 85 % beim zweiten Gast eintreten. Dazu rechnest du 85 % · 85 % oder in üblicher Schreibweise $0{,}85 \cdot 0{,}85 = 0{,}7225$, was eine Wahrscheinlichkeit von 72,25 % dafür ergibt, dass beide Gäste erscheinen.

Die Wahrscheinlichkeit, dass ein Passagier den Flug **nicht** antritt, liegt bei 15 % (100 % − 85 % = 15 %). Wenn wir wissen wollen, wie groß die Wahrscheinlichkeit ist, dass beide Passagiere nicht auftauchen, müssen die 15 % beim ersten und 15 % beim zweiten Gast eintreten. Du rechnest also $0{,}15 \cdot 0{,}15 =$

0,0225 und erhältst eine Wahrscheinlichkeit von 2,25 %, dass keiner der beiden Passagiere auftaucht.

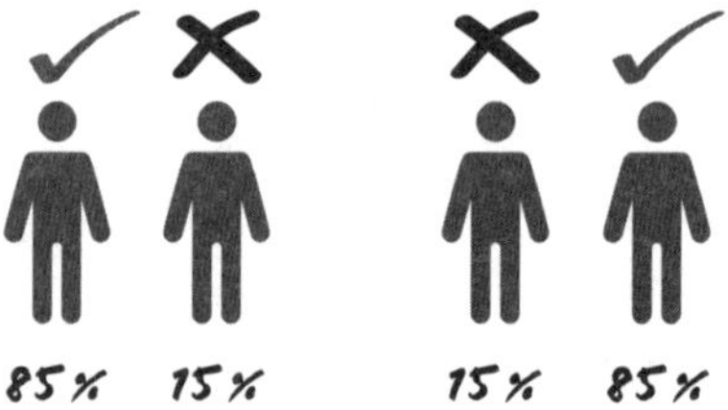

Spannend ist nun der Fall, in dem nur einer der beiden Gäste erscheint. Hier wird 0,85 · 0,15 gerechnet, also 85 %, dass der erste Gast erscheint, mal 15 %, dass der zweite nicht erscheint. 12,75 % ist die Wahrscheinlichkeit, die sich dabei ergibt.

Das Problem: Wir haben nur den Fall berechnet, dass der erste Gast erscheint und der zweite nicht. Es kann aber auch sein, dass der erste Gast nicht erscheint und der zweite der ist, der den Flug antritt. Übertragen auf einen anderen Kontext bedeutet das: Es macht einen Unterschied, ob dein bester Freund nicht zur Party erscheint (Gast 1), aber eine entfernte Freundin schon (Gast 2), oder ob dein bester Freund da ist, aber die entfernte Freundin nicht. Das sind unterschiedliche Szenarien. Genauso müssen wir auch hier die beiden Fälle berücksichtigten, dass Gast 1 erscheint, aber Gast 2 nicht, und dass Gast 1 den Flug nicht antritt, aber Gast 2. Ersteren Fall haben wir schon berechnet. Letzteren müssen wir noch berechnen, was analog zum ersten Fall funktioniert. Logischerweise liegt auch hier die Wahrscheinlichkeit bei 12,75 %, da wir die gleiche Rechnung durchführen und nur die Reihenfolge von 0,85 und 0,15 vertauscht ist. Die Wahrscheinlichkeit, dass nur einer der beiden Gäste erscheint, liegt also nicht bei 12,75 %, sondern bei 12,75 % + 12,75 % = 25,5 %. Für die Wahrscheinlichkeit hätte man auch direkt 2 · 0,85 · 0,15 = 0,255

(25,5 %) rechnen können, was der deutlich schnellere Weg gewesen wäre. Um zu überprüfen, ob du wirklich alle Fälle berücksichtigt hast, musst du einfach nur schauen, ob sich die Wahrscheinlichkeiten der Fälle zu 100 % aufaddieren. In unserem Fall passt alles: 72,25 % + 2,25 % + 25,5 % = 100 %.

Zugegeben: Dass man beide Fälle berücksichtigen muss, ist anfangs sehr verwirrend und hat auch uns damals einige Fehler in Mathe eingebracht. Sobald man sich aber einmal an diese Denkweise gewöhnt hat, ist sie ganz logisch und funktioniert automatisch.

Übertragen auf das Beispiel von Thomas, stehen wir nun allerdings vor einem Problem. Bei 165 verkauften Tickets müssten wir etwa für die Wahrscheinlichkeit, dass genau 163 Leute zum Flug erscheinen, alle möglichen Kombinationen berücksichtigen, in denen 163 von 165 Personen zum Flug erscheinen könnten.

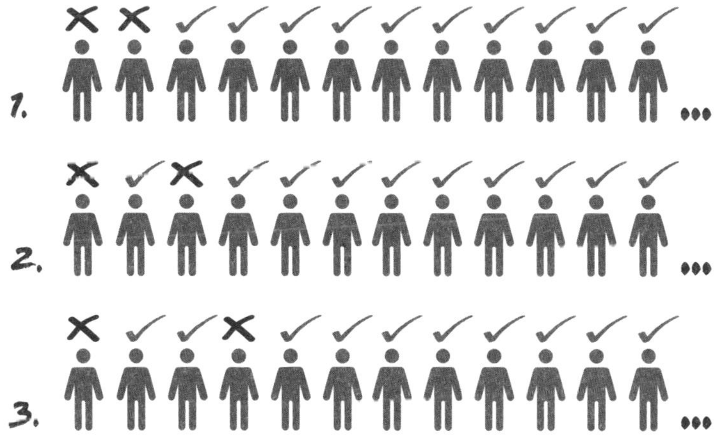

Weil die Mathematik aber so schön ist und für alles eine Lösung bereithält, lässt sie uns auch hier nicht im Stich und bietet ein Hilfsmittel - den Binomialkoeffizienten. Mit ihm können wir ganz schnell berechnen, auf wie viele Arten 163 von 165 Ticketkäufern zum Flug erscheinen können. Es sind $\binom{165}{163} = \mathbf{13.530}$ (gesprochen: »165 über 163«). Wenn du noch genauer erfahren möchtest, was mathematisch hinter dem Binomialkoeffizienten $\binom{n}{k}$ steckt und wie man ihn genau berechnet, kannst du hinten im Buch unter »Weiterführende Erklärungen« nachschauen.

Rechnung für 163 erscheinende Gäste:

$$\mathbf{13.530} \cdot \overbrace{0{,}85 \cdot \ldots \cdot 0{,}85}^{163\text{-mal}} \cdot 0{,}15 \cdot 0{,}15 = \mathbf{13.530} \cdot 0{,}85^{163} \cdot 0{,}15^{2}$$

Eine kurze Erklärung zur Rechnung: Es gibt 13 530 Möglichkeiten, in denen 163 von 165 Passagieren zum Flug erscheinen können. Bei jeder der Möglichkeiten tritt bei 163 Passagieren die 85 %-Wahrscheinlichkeit ein, dass sie zum Flug erscheinen. Bei 2 Fluggästen tritt die 15 %-Wahrscheinlichkeit ein, dass sie den Flug nicht antreten. Diese Werte multiplizieren wir und schon ist das Ergebnis berechnet. Das ergibt eine so geringe Wahrscheinlichkeit, dass der Taschenrechner das Ergebnis auf 0 % rundet. Zu diesem Ergebnis müssen wir nun noch alle weiteren Fälle addieren, zu denen mehr Gäste erscheinen, als es Tickets gibt. Also 151, 152, ... bis 165. Die Rechnungen sind analog zu der Rechnung oben. Für 151 erscheinende Personen also beispielsweise $\binom{165}{151} \cdot 0{,}85^{151} \cdot 0{,}15^{14}$. Rechnet man all diese Fälle von 151 bis 165 erscheinenden Gästen zusammen, erhält man insgesamt eine Wahrscheinlichkeit von nur ca. 0,9 %, dass mehr Gäste zum Flug erscheinen, als Plätze zur Verfügung stehen. Thomas hatte also wirklich Pech ...

Zum Glück hat die nette Frau am Schalter aber gute Nachrichten für ihn. »Ich habe erfahren, dass in 2 Stunden noch ein Flug nach Spanien geht und dort ein Platz für Sie frei ist. Selbstverständlich erhalten Sie bis dahin kostenlosen Zugang zu unserer Flughafenlounge.« Glücklich, dass er nun doch in kurzer Zeit seinen Flug antreten kann, begibt sich Thomas in die Lounge.

Dort lernt er Anna kennen. Sie kann sich allerdings noch nicht auf ihren Urlaub freuen, da sie große Flugangst hat. Ständig hat sie schreckliche Bilder von abstürzenden Flugzeugen im Kopf. »Kein Problem«, denkt sich Thomas, holt sein Handy raus und schaut schnell etwas im Internet nach. »Schau mal, die Wahrscheinlichkeit, bei einem Flugzeugabsturz ums Leben zu kommen, lag im letzten Jahr bei nur 1 zu 15,6 Millionen.«[8] »Ich weiß, dass Fliegen sehr sicher ist«, entgegnet Anna. »Aber trotzdem kommt jedes Mal wieder diese Panik auf.«

Das Problem bei Angaben wie 1 zu 15,6 Millionen oder 0,0000064 % ist, dass sie für uns schlecht greifbar sind. Wir sind zwar in der Lage zu verstehen, dass 15,6 Millionen eine enorm große Zahl ist, aber wirklich zu verstehen, was hinter ihr steckt, fällt uns sehr schwer. Sobald du solche Angaben siehst, solltest du immer versuchen, sie auf einen realen und vorstellbaren Kontext zu übertragen.

Mit diesem Tipp versucht es Thomas noch einmal. »Liest du gerne?« »Na klar!«, sagt Anna. »Wie viele Bücher hast du zu Hause?« »Gute Frage ... Ich schätze, so 100 stehen in meinem Bücherregal«, antwortet sie, noch etwas verwirrt, worauf Thomas hinauswill. »Perfekt!«, entgegnet er. »Wir gehen mal davon aus, dass ein Buch einen Umfang von ca. 200 Seiten hat.

Jetzt stell dir vor, dass ich heimlich ein großes rotes Kreuz auf eine der Seiten in einem zufällig ausgewählten Buch gemalt habe. Deine Aufgabe besteht nun darin, dieses Kreuz zu finden. Du hast aber nur einen Versuch und musst auf Anhieb die richtige Seite im richtigen Buch aufschlagen. Und wenn du es schaffst, bekommst du 100 Euro von mir.« Etwas schmunzelnd entgegnet Anna: »Das ist zwar sehr verlockend, aber das werde ich niemals schaffen. Allein schon die passende Seite in nur einem Buch zu finden, wäre doch fast unmöglich. Wie soll ich das denn bei meinen 100 Büchern schaffen?« »Ganz genau!«, antwortet Thomas. »Und jetzt stell dir vor, du hättest diese Aufgabe nicht bei 100, sondern bei 78 000 Büchern. Die Seite mit dem Kreuz auf Anhieb zu finden, entspricht dann genau der Wahrscheinlichkeit, bei einem Flugzeugabsturz ums Leben zu kommen.« Annas Augen werden ganz groß. »Du hast recht. So habe ich mir das noch nie vorgestellt. Ich weiß nicht, wie du das geschafft hast, aber es hat geholfen. Ich bin jetzt viel entspannter.«

Man kann Thomas' Beispiel sogar noch weiterführen. Selbst wenn man für einen Tag **alle 10 Sekunden** ein Buch nehmen und eine zufällige Seite in ihm aufschlagen würde, würde die Wahrscheinlichkeit, das Kreuz an diesem Tag zu finden, bei lediglich ca. 1:1800 liegen. Durchschnittlich würde man so ungefähr nur alle 5 Jahre auf das Kreuz stoßen.

Wenn dir das an Anschaulichkeit noch nicht gereicht hat: Stelle dir vor, du läufst mit verbundenen Augen einmal komplett die deutsche Landesgrenze (3876 km) entlang. An einer zufälligen Stelle befindet sich ein 1 Meter langer Abschnitt, der pink angestrichen wurde. Deine Aufgabe besteht darin, an dieser pinken Stelle stehen zu bleiben. Bedenke: Deine Augen sind verbunden. Du siehst also nichts. Die Wahrscheinlichkeit, dass du genau an der pinken Markierung stehst, wenn du die Augenbinde abnimmst, ist **über 4-mal so groß** wie die Wahrscheinlichkeit, bei einem Flugzeugabsturz ums Leben zu kommen. Du brauchst also wirklich keine Angst zu haben, wenn du in ein Flugzeug steigst. Wer denkt, dass damit alle Szenarien, die bei einem Flug schiefgehen können, entschärft sind, der hat sich aber leider geirrt. Auf Thomas wartet nämlich noch eine weitere Überraschung.

Entspannt lehnt sich Thomas zurück, als er endlich bei seinem Sitzplatz im Flugzeug angekommen ist, und schläft nur wenige Minuten nach dem Start des Flugzeuges ein … Plötzlich wird er aus dem Schlaf gerissen. »Wir brauchen einen Arzt!«, hört er einen der Flugbegleiter rufen. Ein Mann aus der ersten Reihe springt auf und eilt zum Geschehen. Dann nach einigen Minuten die Entwarnung: »Wir haben alles unter Kontrolle!« Thomas atmet auf. »Glück gehabt, dass ein Arzt an Bord war … Obwohl? War das überhaupt Glück? Oder ist es eher normal, dass unter den Fluggästen ein Arzt ist?«

Die Antwort auf diese Frage ist besonders spannend, da ihre Lösung so simpel zu errechnen und das Ergebnis viel größer als erwartet ist. In Deutschland betrug die Zahl der berufstätigen und nicht berufstätigen Ärzte im Jahr 2022 ca. 557 500. Die Einwohnerzahl lag bei rund 84,36 Millionen. Der Anteil der Ärzte an der Gesamtbevölkerung belief sich also auf $\frac{557.500}{84.360.000} = 0{,}0066$, was 0,66 % entspricht. Gehen wir wieder davon aus, dass in einem Flugzeug 150 Passagiere sitzen, können wir nun sehr einfach berechnen, wie groß die Wahrscheinlichkeit ist, dass sich mindestens ein Arzt oder eine Ärztin an Bord befindet. Dazu berechnen wir einfach die sogenannte Gegenwahrscheinlichkeit, also die Wahrscheinlichkeit für den Fall, dass kein Arzt im Flugzeug ist. Wer aufmerksam gelesen hat, wird erkannt haben, dass wir eine Rechenart nutzen können, die wir schon zu Beginn des Kapitels angewandt haben. Wenn eine Person zu 0,66 % ein Arzt ist, dann ist eine Person zu 99,34 % kein Arzt. Die Wahrscheinlichkeit für den Fall, dass unter 150 Personen **niemand** ein Arzt ist, liegt also bei:

$$\overbrace{0{,}9934 \cdot 0{,}9934 \cdot \ldots \cdot 0{,}9934}^{150\text{-mal}} = 0{,}9934^{150} \approx 0{,}37 \rightarrow 37\,\%$$

Im Umkehrschluss heißt das, dass sich zu 63 % mindestens ein Arzt unter 150 Personen befindet, der im Notfall helfen kann. Ganz schön viel, oder?

Was können wir aus Thomas' Tag lernen? Fliegen birgt viele Gefahren: Überbuchungen, Abstürze und medizinische Notfälle. Aber all diese Gefahren sind in Wirklichkeit viel kleiner, als wir Menschen sie uns vorstellen. Und um das zu verstehen, hilft uns die Mathematik. Selten kann ein Gast aufgrund von Überbuchung nicht mitgenommen werden. Die Gefahr, dass das Flugzeug abstürzt, ist unfassbar gering. Und wer sich an Bord eines Flugzeuges nicht gut fühlt, der kann trotzdem entspannt bleiben, da meist mindestens ein Arzt an Bord ist.

Ein paar kleine Einschränkungen müssen wir allerdings machen. Wie viele Tickets eine Fluggesellschaft für einen Flug verkauft, hängt von etlichen Faktoren ab und variiert von Flug zu Flug. In der Realität beziehen die Gesellschaften Faktoren wie das Wetter vor Ort, das Ziel des Fluges oder auch den Wochentag mit ein, um die Wahrscheinlichkeit zu kalkulieren, mit der ein Gast seine Reise antritt. Auch die Wahrscheinlichkeit für einen Flugzeugabsturz kann man natürlich nicht pauschalisieren, da Faktoren wie beispielsweise das Alter des Flugzeuges eine wichtige Rolle spielen. Nichtsdestotrotz bleibt sie aber sehr gering. Und selbstverständlich können wir auch die Wahrscheinlichkeit für einen Arzt oder eine Ärztin an Bord nicht pauschalisieren. Mit Sicherheit sind einige Reiserouten nämlich bei Ärzten beliebter als andere. Die berechneten Wahrscheinlichkeiten sollten wir also nicht als exakten Wert für jede Flugsituation ansehen, sondern vielmehr als eine gute Orientierung.

In diesem Sinne: Guten Flug!

Ohne wäre unser modernes Leben nicht denkbar – das Binärsystem

Hast du schon einmal etwas vom »Binärsystem« gehört? Bestimmt, denn es ist eines der wichtigsten Zahlensysteme, die wir kennen. Mithilfe dieses Systems kommunizieren wir nämlich jeden Tag mit unseren Computern und Handys. Aus der heutigen Zeit ist es deshalb also nicht mehr wegzudenken. Aber obwohl es so ein wichtiger Bestandteil unseres alltäglichen Lebens ist, wissen nur die wenigsten, wie es wirklich funktioniert …

Vorläufer des Binärsystems gab es tatsächlich schon im 3. Jahrhundert v. Chr. in Indien und später in China. In seiner heutigen Form wurde es aber von einem Deutschen, nämlich Gottfried Wilhelm Leibniz (1646 – 1716), erfunden. Er wollte damals eine Rechenmaschine bauen, die Multiplikationen durchführen konnte. Leider hat er sie jedoch nie fertiggestellt.

Um zu verstehen, wie und warum wir das Binärsystem heute in unseren Computern nutzen, begeben wir uns in eine Welt, in der alles ganz anders ist, als wir es kennen. In dieser Welt gibt es nur die Ziffern 0 und 1. Die Ziffern 2 bis 9 existieren nicht und können auch nicht verwendet werden. Nun stell dir vor, dass eine Person aus unserer Welt einen Brief mit der Zahl 63 in diese andere Welt senden möchte. Wie kann er die 63 dann nur mithilfe von 0 und 1 ausdrücken?

Natürlich könnte man alle Zahlen einfach mithilfe der 1 schreiben. Die 2 wäre dann eine 11 (1+1), die 3 kann man als eine 111 (1+1+1) darstellen und die 10 würde man als 1111111111 (1+1+1+1+1+1+1+1+1+1) schreiben. Vermutlich merkst du aber schon, dass dieses System sehr umständlich ist. Stell dir nun vor, die Zahl 63 damit zu schreiben. Ganz davon abgesehen, dass es viel zu lange dauern würde, die ganzen Einsen zu notieren, könnten die Menschen, die ja nur die Ziffern 0 und 1 kennen, sie nur schwer auf Anhieb von der 64 unterscheiden.

Eine andere Überlegung wäre, die 63 als 111111 111 zu schreiben. Aber auch bei dieser Methode kommen wir bei größeren Zahlen an unsere Grenzen und zudem wenden wir viel mehr Arbeit auf, als wir müssten. Vielleicht fällt uns ja eine sinnvollere Methode ein, in der auch die 0 eine Rolle spielt ...

So funktioniert das Binärsystem

Die effizienteste Methode, um das Problem zu lösen, ist das Binärsystem (bi = zwei, da wir nur zwei Ziffern verwenden). Ausgangspunkt sind die Zweierpotenzen, also $2^0, 2^1, 2^2$, und so weiter. Nehmen wir beispielsweise die Zahl 14. Wir können sie schreiben als $\mathbf{1} \cdot 2^3 + \mathbf{1} \cdot 2^2 + \mathbf{1} \cdot 2^1 + \mathbf{0} \cdot 2^0$ oder kürzer als 1110. So haben wir es geschafft, die 14 allein mithilfe der Ziffern 0 und 1 darzustellen, und das deutlich kürzer als mit der ersten Methode. Hier ein paar weitere Beispiele:

	2^5 (= 32)	2^4 (= 16)	2^3 (= 8)	2^2 (= 4)	2^1 (= 2)	2^0 (= 1)	
22	0	1	0	1	1	0	010110
40	1	0	1	0	0	0	101000
63	1	1	1	1	1	1	111111

Möchtest du Zahlen in der Binärschreibweise ausdrücken, dann gibt es eine einfache Methode, mit der das ganz fix geht. Das Einzige, das du dafür benötigst, ist eine Rechentechnik, die du schon in der Grundschule gelernt hast. Und zwar das *Teilen durch 2 mit Rest*. Machen wir das einmal gemeinsam am Beispiel der Zahl 23.

23 ÷ 2 = 11 *R* **1**	Die 2 passt **11**-mal in die 23 und es bleibt ein Rest von 1.
11 ÷ 2 = 5 *R* **1**	Weiter rechnen wir mit der **11**. Dort passt die 2 5-mal rein, mit Rest 1.
5 ÷ 2 = 2 *R* **1**	In die 5 passt die 2 2-mal, mit Rest 1.
2 ÷ 2 = 1 *R* **0**	In die 2 passt die 2 1-mal, mit Rest 0.
1 ÷ 2 = 0 *R* **1**	In die 1 passt die 2 0-mal rein, mit Rest 1.

Die binäre Zahl können wir nun einfach von **unten nach oben** anhand der Reste ablesen. 23 ist also in Binärschreibweise die Zahl 10111. Probiere es gerne einmal selbst für die Zahl 107 aus.

Frag doch mal deine Familie oder Freunde, bis wie viel man mit seinen 10 Fingern zählen kann. Natürlich werden sie 10 antworten. Richtig ist aber, dass man sogar bis 1023 zählen kann. Und zwar mithilfe des Binärsystems. Ein Finger stellt dabei eine Zweierpotenz dar, wie vorher erklärt. Wenn man einen Finger hebt, dann entspricht das einer 1, und wenn man ihn unten lässt, ist das eine 0.

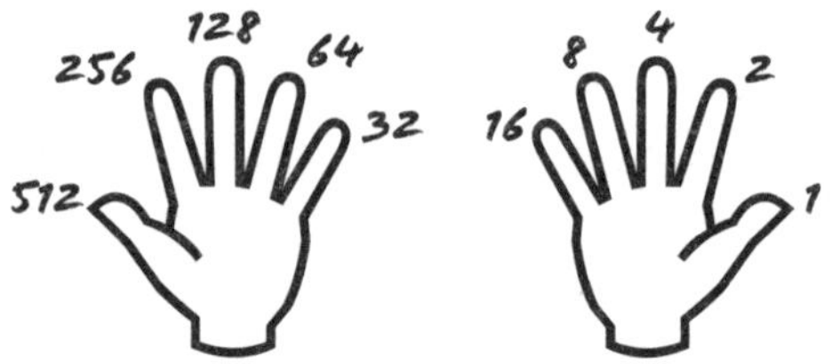

Die Zahl 645 kann man also zum Beispiel so darstellen:

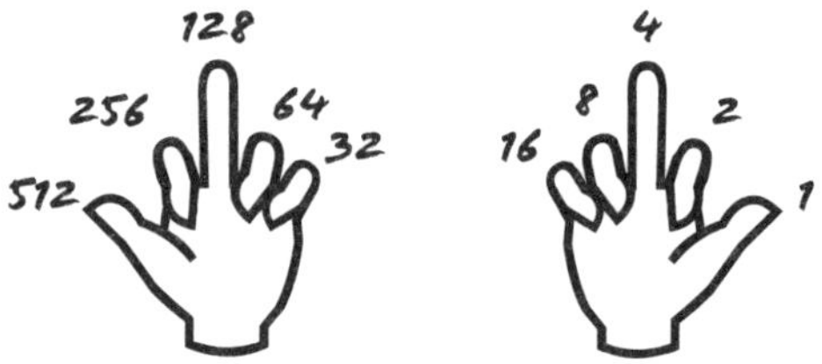

Wir würden bei der Familie aber lieber ein anderes Beispiel als 645 nehmen. Die 4, 5, 128, 132 und 640 können wir ebenfalls nicht empfehlen ...

Das Binärsystem im Alltag

Das Binärsystem ist also eine schöne Spielerei, um beliebige Zahlen effizient darzustellen, wenn man nur die Ziffern 0 und 1 zur Auswahl hat. Es ist aber noch viel mehr als das. Es ist die Sprache der Computer und Handys. Diese Geräte sind nämlich auf den zweiten Blick gar nicht so smart, wie wir immer denken. Letztendlich kennen sie weder Wörter noch Bilder und erst recht keine Videos. Das Einzige, was sie kennen, sind die Zahlen 0 und 1. Oder übersetzt in ihre Welt: Strom aus und Strom an. Wenn wir also etwa von der Zahl 19 reden, dann kann ein Computer damit nichts anfangen, da die einzige Sprache, die er kennt, Strom ist. Er versteht sie nur als 10011 (Strom an, Strom aus, Strom aus, Strom an, Strom an). Und diese kurzen Stromsequenzen werden an die CPU, den Prozessor des Computers, gesendet, der sie dann in Anweisungen umwandelt. Genau nach demselben Prinzip funktioniert auch die Darstellung von Buchstaben. Jedem Einzelnen ist ein bestimmter Binärcode zugeordnet. Das Wort »Hallo« zum Beispiel kann man so schreiben:

01001000 01100001 01101100 01101100 01101111

Wenn wir also eine Taste auf der Tastatur drücken, dann kommt ein solcher Code beim Computer an und er weiß genau, was zu tun ist. Je nach Programm und Kontext kann der Computer dann auch unterscheiden, ob es sich beim Code um eine Zahl oder einen Buchstaben handelt. Natürlich sind die Elemente, die ein Computer heute darstellen muss, viel komplexer als einfache Zahlen oder Buchstaben: Bilder, Webseiten, TikTok-Videos von schlauen Mathematikern ... Wie geht das?

Vereinfacht gesagt, funktioniert das so: Der Bildschirm, auf dem das Bild angezeigt werden soll, besteht aus einzelnen Pixeln, die in unserem einfachen Beispiel nur die Zustände schwarz und weiß annehmen können.

Indem wir dem Computer zu jedem Pixel die Info geben, ob es schwarz (0) oder weiß (1) sein soll, ist er in der Lage, ein Bild daraus zu erzeugen. **Extrem vereinfacht dargestellt**, könnte man ihm also diese Information senden:

000000
010010
000000
100001
010010
001100

und er macht daraus folgendes Bild:

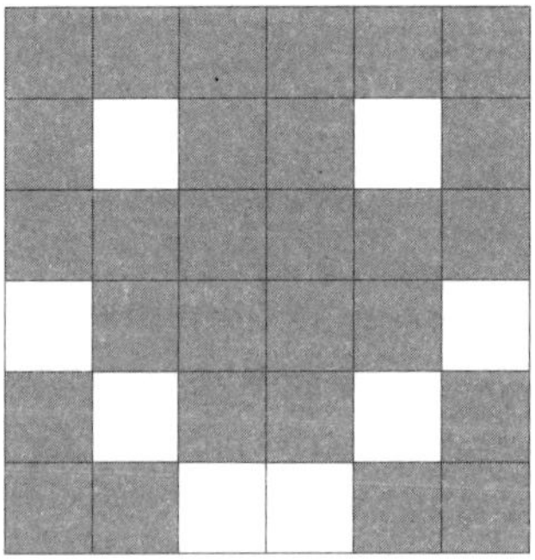

In der Realität sind die Befehle für jedes Pixel aber natürlich viel länger und komplexer. Schließlich müssen ja auch Farben dargestellt werden und jede Farbe hat einen eigenen Code.

QR-Codes

Auch QR-Codes basieren auf dem Binärsystem. Ein QR-Code besteht aus vielen kleinen Quadraten, die entweder weiß (0) oder schwarz (1) sein können. Wenn man ihn scannt, dann liest das System einfach nur den Binärcode und entschlüsselt, welche Information sich hinter ihm versteckt.

Binärsysteme sind übrigens nicht die einzigen Systeme, die wir neben unserem Dezimalsystem kennen. Letztendlich können wir uns jedes beliebige System ausdenken und damit rechnen. Neben dem Binärsystem wird in der Informatik auch häufig das Hexadezimalsystem verwendet, das aus den Ziffern 0 bis 9 und den Buchstaben A bis F besteht, die für die Ziffern 10 bis 16 stehen. Vielleicht hast du es auch schon einmal bei der Darstellung von Farben gesehen. Unser MatheMind-Grün beispielsweise entspricht diesem Hexadezimal-Farbcode: #02E26F.

Wie du jeden Betrüger enttarnen kannst – der Hypothesentest

Mit Sicherheit kennst du das: Du spielst *Mensch ärgere Dich nicht* und aus irgendeinem Grund bekommt dein Gegner ständig eine Sechs. Deine Ausbeute hingegen ist mit einer Sechs aus 20 Würfen eher bescheiden. Wie kann das sein? Ist das noch Zufall oder wurde der Würfel vielleicht manipuliert? Wie kann man den Unterschied zwischen einer schlichten Glückssträhne und einer ganz miesen Nummer erkennen?

Eins ist klar: Auf die Menge kommt es an. Wenn eine Person bei 100 Versuchen 100-mal eine Sechs würfelt, dann ist ziemlich offensichtlich, dass mit dem Würfel etwas nicht stimmt. Auch bei 50 Sechsen sollte man sich den Würfel einmal genauer anschauen. Wie sieht es aber bei 30 Sechsen aus? Das sind immer noch deutlich mehr Sechsen, als die 16 bis 17, die man erwarten würde. Denn auf einer von sechs Seiten des Würfels steht eine 6 und bei 100 Würfen würde man entsprechend $100 \cdot \frac{1}{6} \approx 16{,}67$ Sechsen erwarten. Aber jeder hat mal einen Glückstag. Oder? Was glaubst du: Wie viele Sechsen darf man bei 100 Würfen maximal würfeln, damit man weiß, ob der Würfel fair oder manipuliert ist? Merke dir diese Zahl und überprüfe später, ob dein Gefühl dich getäuscht hat oder du goldrichtig lagst. Das Spannende ist nämlich, dass wir genau solche Fragen ganz exakt mithilfe einiger Berechnungen beantworten können. Dazu schauen wir uns ein Beispiel an.

Christian vs. Johannes

Christian und Johannes lieben Brettspiele. Sie treffen sich regelmäßig zum *Mensch ärgere Dich nicht*-Abend und dieses Mal haben sie sich sogar dazu entschlossen, um Geld zu spielen. Der Gewinner bekommt 100 Euro. *The game is on!* Der ehrgeizige Johannes, der sich die letzten Male dem nicht weniger ehrgeizigen Christian geschlagen geben musste, hat heute seinen Glückswürfel mitgebracht und besteht darauf, die ganze Zeit auch nur damit zu würfeln. Er wirft eine Sechs nach der anderen und Christian wird misstrauisch.

Bevor Christian aber Johannes beschuldigt, seinen verdächtigen Glückswürfel manipuliert zu haben, möchte er sich sicher sein. Schließlich wäre es total peinlich, wenn er Johannes zu Unrecht vorwerfen würde, unfair zu spielen.

Zugegeben: Man kann sich nie zu 100 % sicher sein. Selbst wenn Johannes bei 100 von 100 Versuchen eine Sechs würfeln würde, dann besteht immer noch die minimale Wahrscheinlichkeit, dass der Würfel ein ganz normaler ist und er einfach riesiges Glück gehabt hat. In unserem Beispiel beschließt Christian deshalb, dass er sich nur zu höchstens 1 % irren will, wenn er Johannes beschuldigt. Man nennt diesen Wert auch Irrtumswahrscheinlichkeit. Wir legen also einen Wert fest, bei dem Christian zu 99 % richtigliegt.

Christian fängt an und zählt, wie häufig Johannes eine Sechs würfelt. Von 100 Würfen waren es ganze 24-mal. Aha! Da ist also der Beweis, dass Johannes betrügt. 24 sind deutlich mehr als die zu erwartenden 16 bis 17 Sechsen. Aber Christian wollte sich ja nur zu 1% irren, wenn er Johannes beschuldigt. Schauen wir deswegen noch einmal ganz genau hin. Was wissen wir?

1. Es wurde 100-mal gewürfelt.
2. Bei einem fairen Spiel beträgt die Wahrscheinlichkeit für eine Sechs $\frac{1}{6}$.
3. Christian möchte zu 99 % recht haben, wenn er Johannes beschuldigt.

Wir berechnen nun, wie groß der Abschnitt – oder besser gesagt, das Intervall – ist, in dem man zu 99 % landet, wenn man einen ganz normalen, nicht manipulierten Würfel benutzt.

Anzahl der Sechsen bei 100 Würfen	**Wahrscheinlichkeit***
0 bis 18	69,6 %
0 bis 19	78 %
0 bis 20	84,8 %
0 bis 21	90 %
0 bis 22	93,7 %
0 bis 23	96,2 %
0 bis 24	97,8 %
0 bis 25	98,8 %
0 bis 26	**99,4 %**

*Berechnung mit der Bernoulli-Formel (mehr dazu unter »Weiterführende Erklärungen«)

Man würfelt also mit einem nicht manipulierten Würfel zu über 99 % 0 bis 26 Sechsen und nur zu ca. 0,6 % 27 Sechsen oder mehr. Was bedeutet das nun für Johannes' 24 Sechsen und Christians Anspruch, sich nur zu 1 % irren zu wollen bei seinem Schummelvorwurf?

Ganz einfach: Wir haben gerade herausgefunden, dass Johannes erst bei 27 oder mehr Sechsen von Christian beschuldigt werden dürfte, dass sein Würfel gezinkt ist. Denn dann wäre die Anzahl der Sechsen so groß, dass man sie mit einem normalen Würfel nur zu höchstens 1 % erreichen könnte. Man müsste also auffällig viel Glück haben, damit von 100 Würfen 27 oder mehr eine Sechs sind, und könnte deshalb davon ausgehen, dass der Würfel gezinkt ist. Oder anders gesagt: Christian würde sich nur zu höchstens 1 % irren, wenn er Johannes bei 27 oder mehr Sechsen beschuldigt zu mogeln. Johannes hat aber nur 24 Sechsen gewürfelt und deshalb kann Christian sich nicht zu 99 % sicher sein, dass Johannes betrügt. Somit geht er davon aus, dass es mit dem Würfel seine Richtigkeit hat.

Aber was wäre, wenn ...

Interessant ist folgende Überlegung: Wenn man die Irrtumswahrscheinlichkeit nicht auf höchstens 1 %, sondern auf höchstens 5 % gesetzt hätte, wäre bei der gleichen Anzahl an Sechsen ein völlig anderes Ergebnis entstanden. In dem Fall wäre man schon ab 24 Sechsen beschuldigt worden, dass man einen gezinkten Würfel benutzt. In der vorherigen Tabelle können wir nämlich erkennen, dass die Wahrscheinlichkeit für 24 oder mehr Sechsen mit 3,8 % das erste Mal weniger als 5 % beträgt. Auf welches Ergebnis sollte man sich jetzt also verlassen? Oder gibt es vielleicht eine Möglichkeit, um das Ergebnis eindeutiger zu machen?

Die gibt es. Wenn man die Anzahl der Würfe und die Anzahl der Sechsen verzehnfacht, also 1000 Würfe ausführen würde und davon 240 Würfe eine Sechs wären, dann würde ein ganz eindeutiges Ergebnis herauskommen.

Anzahl der Sechsen bei 1000 Würfen	Wahrscheinlichkeit
0 bis 239	99,9999998 %

Bei 240 Sechsen wäre es eindeutig gewesen, dass mit einem gezinkten Würfel gespielt wird. Die Wahrscheinlichkeit, sich zu irren, wenn man den Mitspieler beschuldigt, würde dann nur bei 0,0000002 % liegen. Das ist sogar mehr als eindeutig. Aber wie kann das sein? Wir haben doch lediglich das Experiment »verzehnfacht«. Hast du eine Idee, woran das liegen könnte?

Das Gesetz der großen Zahlen

Stell dir einmal vor, du läufst über eine Kirmes und wirst auf einen Stand aufmerksam, an dem Lose verkauft werden. Der Verkäufer behauptet, dass unter den 2000 Losen 500 Gewinne sind, was auch der Wahrheit entspricht. Wenn du nun 10 Lose kaufst, kann es gut sein, dass du Pech hast und keinen einzigen Gewinn ziehst. Wenn du nun aber 1000 Lose kaufst, dann wird wohl kaum der Fall eintreten, dass unter ihnen kein Gewinn ist. Wenn du nun sogar alle 2000 Lose kaufst, dann ist es natürlich unmöglich, dass unter ihnen nicht ein einziger Gewinn ist.

Beim Würfeln und auch bei allen anderen Zufallsexperimenten finden wir dasselbe Prinzip, mit dem Unterschied, dass es dort keine begrenzte Anzahl an »Losen« gibt. Trotzdem gilt: Würfelt man nur 100-mal, kann es sein, dass darunter 24-mal die Sechs ist. Würfelt man 1000-mal, ist die Wahrscheinlichkeit für 240 Sechsen extrem gering. Würfelt man 10 000-mal, dann wird man zu 99 % zwischen 1571 und 1763 Sechsen würfeln. Es ist also fast eine Sache der Unmöglichkeit, darunter 2400 Sechsen zu haben. Diese Gesetzmäßigkeit nennt man »Das Gesetz der großen Zahlen«.

So einfach kann Mathe sein

In diesem Kapitel hast du eines der kniffligsten Themen kennengelernt, die in der Schule besprochen werden, nämlich Hypothesentests. Wie du siehst, war es aber gar nicht so schwierig, oder? Bei Hypothesentests überprüft man eine Hypothese, also eine Vermutung. In unserem Beispiel hat Christian die Hypothese gehabt, dass Johannes mit einem gezinkten Würfel spielt. Man kann solche Tests aber auf fast alle Bereiche des Lebens anwenden. Deshalb sind sie auch so wichtig und nützlich. Du könntest damit etwa herausfinden, ob sich wirklich in jedem siebten Überraschungsei eine Überraschung befindet. Oder ob der Losverkäufer dich anlügt, wenn er sagt, dass jedes dritte Los ein Gewinn ist. Und das, ohne alle Überraschungseier oder Lose kaufen zu müssen. Das Einzige, was du brauchst, ist nur eine gewisse Menge von Eiern oder Losen, genau wie Christian und Johannes auch nur eine Menge von 100 Würfen brauchten.

Das *Gesetz der großen Zahlen* ist ebenfalls eines der wichtigsten Konzepte in der Mathematik. Es führt zum Beispiel dazu, dass Casinos nicht pleitegehen. Selbst dann nicht, wenn jemand mal einen Jackpot über 10 000 Euro gewinnt. Die Wahrscheinlichkeit ist nämlich bei jedem Spiel im Casino auf der Seite des Casinos. Und da viele Menschen spielen, greift das *Gesetz der großen Zahlen.* Genauso wie es fast unmöglich ist, beim 10 000-fachen Würfeln 2400 Sechsen zu würfeln, ist es im Casino fast unmöglich, dass es bei Zehntausenden Spielern Verlust macht. Und damit sind wir auch schon beim nächsten Thema: dem Glücksspiel.

Mathematik – Die Feindin des Glücksspiels

Wahrscheinlich hattest auch du schon mal folgenden Gedanken: »Was würde ich machen, wenn ich den Lotto-Jackpot knacken würde?« Schon beginnt eine wunderbare Fantasiereise voller Luxus, Häuser, schöner Autos und mit dem tollen Gefühl, deine engsten Freunde und die Familie abzusichern. Zugegeben, diese Träume hatten wir auch schon, und sie machen immer wieder viel Spaß. Aber: Sind sie überhaupt realistisch und ergeben sie aus rationaler Sicht Sinn? Die Antwort ist ebenso kurz wie offensichtlich. Nein! Natürlich darf man als Mathematiker und Mathematikerin auch Träume haben, aber Lotto zu spielen wäre dann doch stark irrational. Wir möchten dir in diesem Kapitel verdeutlichen, warum die Mathematik die große Feindin des Glücksspiels ist, und mit welchen mathematischen Tricks du vielleicht doch noch deine Chancen auf den großen Lottogewinn verbessern kannst. Wie immer wünschen wir dir viel Spaß.

Deshalb spielen Mathematiker kein Lotto

Um einmal zu verdeutlichen, warum Mathematiker kein Lotto spielen, möchten wir dir ein kurzes Beispiel geben. Stell dir vor, du sitzt an einem gemütlichen Sommerabend mit deinem Freund oder deiner Freundin auf dem Balkon und ihr überlegt euch ein Spiel. Ihr habt eine Münze und müsst die richtige Reihenfolge vorhersagen, in der Kopf und Zahl geworfen werden. Derjenige, der mehr Treffer hat, gewinnt. Wie viele richtige

Prognosen in Folge traut ihr euch zu? 10? 12? Oder sogar 20? Probiert es gerne direkt mal aus und tragt euer Ergebnis unten ein:

Schauen wir uns nun an, was mathematisch realistisch ist, und wie man solche Berechnungen durchführt. Wenn ihr die Münze einmal werft, wie groß ist die Wahrscheinlichkeit, dass ihr die richtige Seite prognostiziert habt? Angenommen, ihr habt darauf getippt, dass zuerst »Kopf« geworfen wird, dann berechnet sich die Wahrscheinlichkeit, dass das auch eintritt, folgendermaßen:

$$P(Kopf) = \frac{\text{Anzahl günstiger Ereignisse}}{\text{Anzahl aller Ereignisse}} = \frac{1}{2} = 0{,}5 = 50\ \%$$

Für den Zähler (also die Zahl oberhalb des Bruchstrichs) überlegen wir uns, wie viele Ergebnisse des Münzwurfs unsere Prognose bestätigen. Da wir uns für »Kopf« entschieden haben, ist nur ein Ergebnis für uns günstig. Für den Nenner überlegen wir uns, wie viele mögliche Ergebnisse es insgesamt gibt. Bei einem Münzwurf gibt es nur »Kopf« und »Zahl«, also insgesamt 2 Ergebnisse. Die Wahrscheinlichkeit für uns, einmal richtig zu tippen, liegt also bei 50 %. Wenn wir nun zwei aufeinanderfolgende Würfe tippen, multiplizieren wir einfach die Wahrscheinlichkeit für den richtigen Tipp beim ersten Wurf mit der Wahrscheinlichkeit für den richtigen Tipp beim zweiten Wurf. Unser Tipp lautet dieses Mal zuerst »Kopf« und dann »Zahl«:

$$P(Kopf, Zahl) = \frac{1}{2} \cdot \frac{1}{2} = \frac{1}{4} = 0{,}25 = 25\ \%$$

Für zwei richtige Tipps in Folge liegt die Wahrscheinlichkeit also nur noch bei 25 %. Diese Berechnung kann auch als eine Potenz geschrieben werden:

$$\frac{1}{2} \cdot \frac{1}{2} = \left(\frac{1}{2}\right)^2$$

Und das hilft uns sehr, denn: Wenn wir nun wissen möchten, wie hoch die Wahrscheinlichkeit für 10 richtige Tipps in Folge ist, müssen wir nur die 2 oben, also den Exponenten, durch eine 10 ersetzen und schon haben wir unser Ergebnis. Also, falls du behauptet hast, dass du 10 richtige Tipps in Folge schaffst, schauen wir uns das Ganze mathematisch an:

$$P(\textit{10 richtige Tipps in Folge}) = \left(\frac{1}{2}\right)^{10} = 0{,}0009765625 \approx 0{,}098\,\%$$

Was sehen wir daran? Genau, 10 richtige Tipps in Folge sind extrem unwahrscheinlich, die Wahrscheinlichkeit dafür liegt deutlich unter 1 %. Aber warum haben wir uns überhaupt mit der Münze beschäftigt, wenn wir doch eigentlich über Lotto sprechen? Überleg dir einmal Folgendes: Wie viele richtig in Folge getippte Münzwürfe sind vergleichbar mit einem Lottogewinn (6 Richtige plus Superzahl)? Notier deinen Tipp gerne und berücksichtige dabei auch die Wahrscheinlichkeiten, die wir bisher berechnet haben.

Die Wahrscheinlichkeit, im Lotto mit 6 Richtigen und der richtigen Superzahl zu gewinnen, liegt bei ungefähr 1 zu 140 000 000. Nun müssen wir überlegen, nach wie vielen Münzwürfen ungefähr dieselbe Wahrscheinlichkeit gilt. Das ist nach 27 Münzwürfen der Fall. Die Rechnung sieht dann folgendermaßen aus:

$$P(\textit{27 richtige Tipps in Folge}) = \left(\frac{1}{2}\right)^{27} = \frac{1^{27}}{2^{27}} = \frac{1}{2^{27}} = \frac{1}{134.217.728}$$

Hand aufs Herz, hättest du das am Anfang des Kapitels gedacht? Erfahrungsgemäß haben wir Menschen kein gutes Gefühl für Wahrscheinlichkeiten, einerseits, weil wir dazu neigen, unsere eigenen Fähigkeiten beim Glücksspiel zu überschätzen, und andererseits, weil wir nicht in exponentiellen Entwicklungen denken können.

Als Nächstes möchten wir dir ein kleines Gedankenexperiment vorstellen, und du kannst wieder überlegen, wie deine gefühlte Wahrscheinlichkeit dieses Mal aussieht. Angenommen, du lässt in Deutschland einen Luftballon steigen, und in diesem Ballon sind 500 Euro. Er fliegt kreuz und quer über Deutschland und landet schließlich bei irgendeinem Menschen. Außerdem nehmen wir an, dass jeder Mensch in Deutschland ein eigenes Handy mit einer eigenen Handynummer hat. Somit gibt es in Deutschland ungefähr 80 000 000 Handynummern.

Okay, der Ballon mit den 500 Euro ist also zufällig bei einer Person gelandet. Nun nimmst du eine Liste mit allen Handynummern aus Deutschland und rufst eine beliebige Nummer an. Ist die Wahrscheinlichkeit, dass die Person, die du anrufst, auch die Person ist, die den Luftballon gefunden hat, größer oder kleiner, als im Lotto (6 Richtige plus Superzahl) zu gewinnen? Schreib deine Einschätzung gerne hier hin:

Jetzt kommt die Auflösung. Die Wahrscheinlichkeit für den Lottogewinn liegt, wie wir wissen, bei 1 zu 140 000 000. Wie sieht es bei dem Beispiel mit dem Luftballon aus? Intuitiv denkst du vielleicht: Die Wahrscheinlichkeit, dass eine Person den Ballon fängt, liegt bei 1 zu 80 000 000, und die Wahrscheinlichkeit dafür, dass man diese Person dann auch noch anruft, liegt ebenfalls bei 1 zu 80 000 000. Man könnte also vermuten, dass man

$$\frac{1}{80\,000\,000 \cdot 80\,000\,000}$$

rechnen muss. Das ist jedoch nicht korrekt! Der Ballon landet bei einer Person, und erst dann beginnt unsere Berechnung, bei der wir mit einer Wahrscheinlichkeit von 1 zu 80 000 000 die richtige Telefonnummer wählen. Es ist also fast doppelt so wahrscheinlich, auf Anhieb die richtige Person anzurufen, wie beim Lotto den Jackpot zu knacken. Wir halten also fest: Im Lotto maximal abzuräumen, ist extrem unwahrscheinlich. Aus rationaler Sicht ergibt es überhaupt keinen Sinn, darauf zu hoffen.

Kürzlich kam ein Schüler auf einem Event zu uns und sagte: »Wenn die Wahrscheinlichkeit für den Hauptgewinn bei 1 zu 140 000 000 liegt, dann spiele ich einfach 140 000 000-mal, dann muss ich ja einmal gewonnen haben.« Keine schlechte Idee, auch wenn das ein Verlustgeschäft wäre, die Grundidee ist aber nicht abwegig. Außerdem freuen wir uns immer über solche Einwände, da sie zeigen, dass die Schülerinnen und Schüler mitdenken und eigene mathematische Überlegungen anstellen. Also gingen wir der Idee auf den Grund. Wir wollten wissen, wie groß die Wahrscheinlichkeit ist, bei 140 000 000 Versuchen mindestens einmal im Lotto zu gewinnen. Warum »mindestens« einmal? Ganz einfach: Wir haben unser Ziel ja auch erreicht, wenn wir 2-mal oder 3-mal oder noch öfter gewinnen würden. Daher wollten wir auch diese Wahrscheinlichkeiten berücksichtigen. Die mathematische Darstellung dafür sieht folgendermaßen aus:

$$P(X \geq 1)$$

Das X gibt uns die Anzahl unserer Gewinne an, wobei X größer oder gleich 1 sein soll. Das bedeutet, wir gewinnen mindestens einmal oder öfter. Okay, so weit, so gut, aber bisher haben wir noch keine Berechnungen durchgeführt. Zuvor müssen wir nämlich noch umrechnen.

$$P(X \geq 1) = 1 - P(x = 0)$$

Was haben wir nun gemacht? Wir haben festgestellt, dass mehr als einmal zu gewinnen genau dasselbe ist wie 1 minus keinmal zu gewinnen. In unserer Rechnung steht die 1 für 100 %, da beispielsweise 50 % als 0,5 angegeben werden. Man kann sich das Prinzip sehr schön an einem einfachen Beispiel bewusst machen. Wenn du wissen willst, wie groß die Wahrscheinlichkeit bei einem Münzwurf für »Kopf« ist, dann hast du zwei Möglichkeiten, um das zu berechnen: Entweder du berechnest die Wahrscheinlichkeit direkt oder du berechnest die Wahrscheinlichkeit fürs Gegenteil, also für »Zahl«, und ziehst diese von 100 % ab. Die Wahrscheinlichkeit, die übrig bleibt, ist dann die Wahrscheinlichkeit für »Kopf«. Nichts anderes haben wir in der Lotto-Rechnung gemacht. Das bedeutet, dass die übrig bleibende Wahrscheinlichkeit die Wahrscheinlichkeit für einen oder mehrere Gewinne ist.

Die Wahrscheinlichkeit, dass man nicht gewinnt, liegt bei:

$$\frac{139\,999\,999}{140\,000\,000}$$

Es gibt nur eine Zahlenkombination, die zum Gewinn führt, alle anderen Kombinationen führen folglich nicht zum Hauptgewinn. Die Idee des Schülers war, dass wir 140 000 000-mal tippen, deshalb müssen wir den Bruch noch mit 140 000 000 potenzieren.

$$\left(\frac{139\,999\,999}{140\,000\,000}\right)^{140\,000\,000}$$

Anschließend setzen wir das noch in unsere Formel ein und erhalten:

$$P(X \geq 1) = 1 - P(x = 0) = 1 - \left(\frac{139\,999\,999}{140\,000\,000}\right)^{140\,000\,000}$$

Wenn wir diese wunderbare Rechnung jetzt von unserem Taschenrechner ausrechnen lassen, dann erhalten wir folgendes Ergebnis:

$$P(X \geq 1) = 1 - P(x = 0) = 1 - \left(\frac{139\,999\,999}{140\,000\,000}\right)^{140\,000\,000} \approx 0{,}63$$

Okay, das ist wirklich überraschend. Selbst wenn wir 140 000 000-mal Lotto spielen, liegt die Wahrscheinlichkeit für einen oder mehrere Hauptgewinne nur bei 63 %.

Tatsächlich gibt es jedoch eine Möglichkeit, mit einer Wahrscheinlichkeit von 100 % im Lotto zu gewinnen. Und zwar so: Du darfst deine 140 000 000 Tipps nicht nacheinander abgeben, sondern gleichzeitig. Das bedeutet, du füllst

140 000 000 Tippscheine aus und notierst dabei auf jedem Schein eine andere Kombination. Dann hast du bei der Ziehung die Gewissheit, dass du gewinnst. Allerdings kann man kaum von einem Gewinn sprechen. Wir würden es eher als Schadensbegrenzung bezeichnen. Das investierte Geld übersteigt vermutlich den Gewinn um ein Vielfaches.

Ein Gang durchs Casino – und wieder hinaus

Nachdem wir das Thema Lotto von allen Seiten beleuchtet haben, wollen wir nun einen Blick ins Casino werfen. Auch dort findet man immer wieder Menschen, die behaupten, sie hätten einen Weg gefunden, mit einer hohen Wahrscheinlichkeit Gewinne zu erzielen. Aber wir müssen ehrlich sein: Die Wahrscheinlichkeit, dass du als Gewinner hervorgehst und nicht das Casino, ist nicht sonderlich hoch. Warum das so ist und welche Strategien wir mathematisch entkräften können, möchten wir uns mit dir in diesem Kapitel einmal genauer anschauen.

Roulette

Ein klassisches Casinospiel, bei dem es viele Theorien über mögliche Gewinnstrategien gibt, ist Roulette. Die bekannteste dieser Strategien ist die sogenannte Martingale-Strategie. Bei dieser Strategie wählt man zunächst eine Farbe, entweder Rot oder Schwarz, und bleibt konsequent bei dieser Farbe. Jedes Mal, wenn die gewählte Farbe erscheint, gewinnt man, und jedes Mal, wenn die Farbe nicht erscheint, verdoppelt man seinen Einsatz. Angenommen, man entscheidet sich für die Farbe Rot, dann könnten die Spielrunden so aussehen:

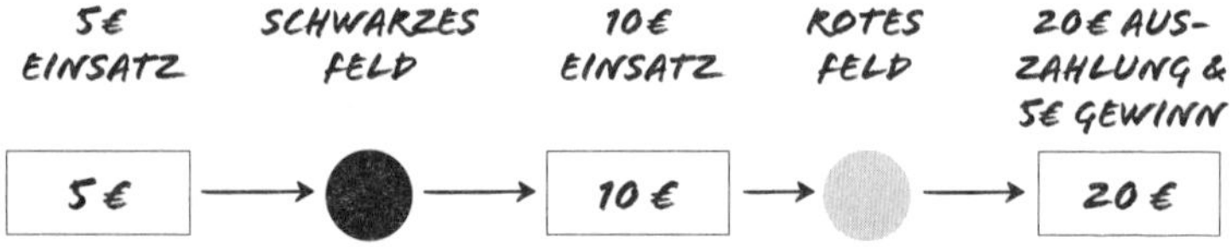

Hier erkennt man das Prinzip sehr gut. Man verdoppelt seinen Einsatz so lange, bis die gewünschte Farbe, in unserem Fall Rot, geworfen wird.

Okay, so weit verstanden. Wie sieht es jedoch aus mathematischer Sicht aus? Ist diese Strategie wirklich so gut, dass man mit einer 100%igen Wahrscheinlichkeit als Gewinner aus dem Casino geht? Die Antwort wird dich überraschen: JA! Wenn du dich strikt an diese Strategie hältst, wirst du – theoretisch – immer als Gewinner aus dem Casino gehen. (Vorausgesetzt, das Casino hat keinen festgelegten Maximaleinsatz. Warum das so ist, werden wir später betrachten.)

Theoretisch! Du merkst schon, dass es einen Haken geben muss. Und das ist auch so. Stellen wir uns vor, du hast dich für Rot entschieden und es kommen 8-mal in Folge schwarze Ergebnisse. Wie hoch wäre dann der Einsatz, den du setzen müsstest? Wir erinnern uns, dass wir jedes Mal, wenn wir nicht gewinnen, unseren Einsatz verdoppeln müssen.

Farbe	Schwarz	Schwarz	Schwarz	Schwarz	Schwarz	Schwarz	Schwarz	Schwarz
Einsatz	5 €	10 €	20 €	40 €	80 €	160 €	320 €	640 €

Wir sehen also, dass man nach 8 falschen Versuchen schon bei 640 Euro Einsatz ist. Wichtig ist dabei natürlich, dass du nicht nur den Einsatz in der aktuellen Runde einberechnest, sondern auch deine Verluste aus den vorherigen Runden. Insgesamt hast du dann schon

Einsatz = 5 € + 10 € + 20 € + 40 € + 80 € + 160 € + 320 € + 640 € = 1275 €

1275 Euro eingesetzt, um möglicherweise 1280 Euro zu gewinnen. Das ist definitiv eine extrem hohe Summe für nur 5 Euro Gewinn, nicht wahr? Außerdem wächst das Ganze exponentiell an. Du kannst gerne darüber nachdenken, wie hoch der Einsatz nach 12 verlorenen Runden wäre. Jetzt denkst du wahrscheinlich: »Es wird ja wohl kaum 12-mal in Folge Rot kommen.« Die Wahrscheinlichkeit dafür ist tatsächlich nicht sonderlich hoch, aber ausgeschlossen ist sie auch nicht. Schauen wir uns das einmal aus mathematischer Perspektive an.

Du weißt bereits: Wenn du eine Münze wirfst und in der ersten Runde zeigt die Münze »Kopf«, wie groß ist dann die Wahrscheinlichkeit, dass die Münze auch in der zweiten Runde »Kopf« zeigt? Genau, 50 %. Genauso kann man sich dieses Prinzip beim Roulette vorstellen. Wenn das Roulette zum Beispiel 4-mal in Folge Rot gezeigt hat, wie groß ist dann die Wahrscheinlichkeit, dass es in der fünften Runde Schwarz zeigt? Genau, auch hier wieder 50 % (wir vernachlässigen in diesem Fall das grüne Feld). Deshalb muss man sich bewusst machen, dass die Wahrscheinlichkeit für den Wurf der gewünschten Farbe in jeder Runde aufs Neue 50 % beträgt und man aus den vorherigen Ergebnissen keine Rückschlüsse darauf ziehen kann, welche Farbe als Nächstes kommt.

Trotzdem muss man aus mathematischer Sicht sagen, dass der Fall, 8-mal in Folge dieselbe Farbe zu werfen, extrem unwahrscheinlich ist. Wenn die Wahrscheinlichkeit in jeder

Runde aufs Neue 50 % beträgt, dann beträgt die Wahrscheinlichkeit für 8 Runden in Folge:

$$P(8-\textit{mal dieselbe Farbe}) = 0{,}5^8 = \left(\frac{1}{2}\right)^8 = 0{,}00390625 \approx 0{,}4\,\%$$

Die Wahrscheinlichkeit liegt also bei unter 1 %. Das gibt uns doch wieder ein gutes Gefühl, oder? Na ja, eigentlich ist es für uns nicht so entscheidend, wie wahrscheinlich ein bestimmtes Ereignis ist, sondern ob wir im Durchschnitt Gewinn oder Verlust machen. Dies bestimmt man wiederum mit dem Erwartungswert. Beim Erwartungswert multipliziert man die Wahrscheinlichkeit für ein Ereignis mit dem zugeordneten Gewinn oder Verlust. In unserem Beispiel gehen wir davon aus, dass wir so viel Geld haben, dass wir 8 Runden spielen können. Das bedeutet, wir können 7-mal verdoppeln. Wenn nun bei 8 Runden in Folge nicht die Farbe kommt, die wir gewählt haben, dann haben wir einen Totalverlust unserer Einsätze. Wenn vorher jedoch unsere gewünschte Farbe kommt, gewinnen wir 5 Euro. In diesem konkreten Fall rechnen wir also Folgendes:

$$\textit{Erwartungswert} = (1 - 0{,}5^8)\cdot 5 + 0{,}5^8\cdot(-1275)$$

Wahrscheinlichkeit zu gewinnen $(1 - 0{,}5^8)$

Wahrscheinlichkeit zu verlieren $0{,}5^8$

Die Wahrscheinlichkeit, dass nicht 8-mal in Folge dieselbe Farbe kommt, liegt bei $(1 - 0{,}5^8)$, das ist also die Gegenwahrscheinlichkeit, die wir schon aus den vorherigen Kapiteln kennen. Sollte dies eintreffen, haben wir abzüglich unseres eingesetzten Geldes einen Gewinn von 5 Euro erwirtschaftet.

Deshalb multiplizieren wir in der Rechnung auch $(1 - 0{,}5^8)$ mit 5. Im zweiten Teil der Rechnung ziehen wir dann den Betrag ab, den wir verlieren würden, wenn tatsächlich 8-mal in Folge die falsche Farbe kommt. Die Wahrscheinlichkeit dafür liegt bei nur $0{,}5^8$, aber wir würden insgesamt mit allen Einsätzen kumuliert 1275 Euro verlieren. Wenn wir nun den Erwartungswert berechnen, kommen wir auf folgendes Ergebnis:

$$\textit{Erwartungswert} = (1 - 0{,}5^8) \cdot 5 + 0{,}5^8 \cdot (-1275) = 0$$

Im Durchschnitt erwartet uns also kein Gewinn (0 Euro). Aber Moment, die Wahrscheinlichkeit für einen Gewinn liegt ja nicht genau bei 0,5 (50 %). Wir haben schließlich noch das grüne Feld beim Roulette. Dieses Feld sorgt dafür, dass der Erwartungswert bei weniger als 0 Euro liegt und somit negativ ist. Bedeutet das jetzt, dass man beim Roulette immer verliert? Nein! Das bedeutet, dass wir im Durchschnitt mehr verlieren, als wir gewinnen. Es kann jedoch auch immer wieder Abende geben, an denen wir gewinnen. Das ist nur nicht so wahrscheinlich und alles andere als rational.

Poker

Das traditionellste und vermutlich bekannteste Spiel in einem Casino ist Poker. In jedem klassischen Mafiafilm gibt es mindestens eine Pokerrunde. Das größte Aufsehen erregte Poker, als James Bond im Film *Casino Royale* mit Stil und Coolness abräumte. In Filmen wie diesem wird einem suggeriert, dass Gewinnen beim Poker stark von der Psyche abhängt. Wer stark im Kopf ist, der ist auch stark beim Pokern. Aber auch mithilfe der Mathematik lässt sich einiges machen.

Die Mathematik ermöglicht es uns, Risiken abzuschätzen und ein besseres Gefühl dafür zu bekommen, ob sich bestimmte

Spielzüge lohnen. Schauen wir uns gemeinsam die Filmszene aus James Bonds *Casino Royale* an. In diesem Film wird *Texas Hold'em*-Poker gespielt. Das bedeutet, es liegen 5 Karten in der Mitte. Jeder Mitspieler hat 2 Karten auf der Hand. Jeder muss nun mit seinen Karten und den 5 Karten in der Mitte versuchen, ein möglichst gutes Ergebnis zu erzielen. In der folgenden Tabelle siehst du, mit welchen Kartenkombinationen man gewinnen kann:

Poker Hand Ranking					
10 ♦	J ♦	Q ♦	K ♦	A ♦	**Royal Flush**
7 ♣	8 ♣	9 ♣	10 ♣	J ♣	**Straight Flush**
4 ♠	4 ♥	4 ♣	4 ♦	K ♠	**Vierling – Quads**
10 ♥	10 ♣	10 ♦	2 ♠	2 ♥	**Full House**
K ♠	9 ♠	J ♠	5 ♠	A ♠	**Flush**
7 ♠	8 ♦	9 ♣	10 ♥	J ♦	**Straße – Straight**
2 ♥	2 ♣	2 ♦	6 ♠	A ♥	**Drilling – Three of Kind**
8 ♣	8 ♦	7 ♥	7 ♣	Q ♣	**Zwei Paar – Two Pair**
5 ♠	5 ♦	J ♣	10 ♥	3 ♣	**Ein Paar – One Pair**

In dem Film sitzen 4 Spieler um den Tisch und es wird um unglaubliche 120 000 000 Dollar gespielt. Alle sind *All-In* gegangen. Folgende 5 Karten wurden in der Mitte aufgedeckt:

Der erste Spieler deckt nun seine Karten auf und hat eine Pik-Dame und einen Pik-König.

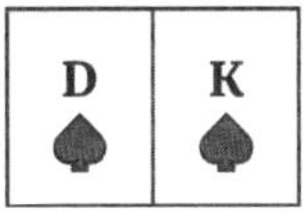

Zusammen mit dem Pikass, der Pik-Acht und der Pik-Sechs hat er also einen Flush. Ein Flush ist alles andere als schlecht. Der zweite Spieler kann dieses Blatt sogar noch toppen. Er hat eine Kreuz-Acht und eine Herz-Acht.

Das bildet zusammen mit der Acht und den beiden Assen aus der Mitte ein Full House. Als Nächstes ist nun der Erzfeind von James Bond und der Bösewicht des Films an der Reihe, Le Chiffre. Dieser wirkt trotz der herausragenden Hände der beiden vorherigen Spieler siegessicher. Er deckt eine Herz-Sechs auf, wodurch er zunächst nur ein einfaches Paar hat. Die zweite Karte hat es jedoch in sich. Ein Kreuz-Ass!

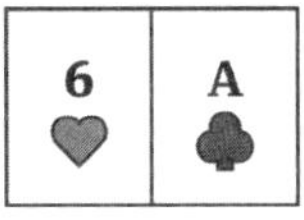

Das bedeutet, er hat mit den anderen beiden Assen aus der Mitte und seinem vorherigen Paar ebenfalls ein Full House, nur eben ein besseres, da er den höheren Drilling hat. Le Chiffre ist sich sicher, er wird gewinnen.

Ein Royal Flush ist mit den bereits aufgedeckten Karten für James Bond nicht mehr möglich. Alle Asse außer dem Karo-Ass sind raus, und mit dem Karo-Ass kann kein Royal Flush entstehen, da in der Mitte keine anderen Karo-Karten liegen. Auch ein Vierling ist für James Bond nicht mehr möglich. Mit den Karten in der Mitte kann nur ein Ass-Vierling gelingen, aber da Le Chiffre selbst ein Ass hat, kann Bond diesen logischerweise nicht haben. Somit kann Bond nur noch mit einem Straight Flush gewinnen. Aber er wäre ja nicht der Held des Films, wenn er nun nicht eine Pik-Fünf und eine Pik-Sieben aufdecken würde und somit mit der Pik-Vier, der Pik-Sechs und der Pik-Acht aus der Mitte einen Straight Flush hätte.

Was für ein Finale und was für ein Spiel! Na ja, James Bond nimmt es wie gewohnt gelassen.

Wir fragen uns aber: Ist ein solches Spiel wahrscheinlich? Ihr ahnt es bereits: Nein! Selbst die Wahrscheinlichkeit für die schlechteste Hand in dieser Runde ist gering. Wir wollen uns nun anschauen, wie wir die Wahrscheinlichkeiten beim Poker berechnen können. Dazu betrachten wir zunächst, wie viele Kombinationen es für das Ziehen von 7 aus 52 Karten gibt. Warum 7 aus 52? Beim Poker gibt es insgesamt 52 Karten, und im Grunde genommen machen wir nichts anderes, als 7 Karten (5 liegen in der Mitte, 2 hält jeder Spieler) aus diesen

52 zu ziehen und dann die besten 5 auszuwählen. Um herauszufinden, wie viele verschiedene Kombinationen es insgesamt gibt, nutzen wir wieder den Binomialkoeffizienten. Dieser lautet:

$$\binom{n}{k} = \frac{n!}{k! \cdot (n-k)!}$$

Das **!** bedeutet Fakultät. Das **n** in unserer Formel steht dabei für die Grundgesamtheit, also die Anzahl der Karten, die es gibt. Das **k** steht für die Anzahl der Karten, die wir ziehen. In unserem konkreten Fall sieht der Koeffizient also folgendermaßen aus:

$$\binom{52}{7} = \frac{52!}{7! \cdot (52-7)!} = 133\,784\,560$$

Es gibt also insgesamt 133 784 560 Möglichkeiten, 7 Karten aus 52 zu ziehen. Wie bereits erwähnt, ist selbst die Wahrscheinlichkeit für die schlechteste Hand beim Pokerspiel in *Casino Royale* sehr gering. Die schlechteste Hand war der Flush. Wenn wir nun wissen wollen, wie wahrscheinlich ein Flush ist, müssen wir nur alle Kombinationen nehmen, die einen Flush ergeben, das sind 4 047 644, und diese durch die Anzahl aller möglichen Kombinationen teilen.

$$\textit{Wahrscheinlichkeit Flush} = \frac{4\,047\,644}{133\,784\,560} \approx 0{,}03 = 3\,\%$$

Somit liegt die Wahrscheinlichkeit, einen Flush zu bekommen, bei nur 3 %. Selbstverständlich hat James Bond das Spiel mit einem Straight Flush gewonnen. Wie wahrscheinlich ist jedoch ein Straight Flush? Das erarbeiten wir uns jetzt gemeinsam, und wir versprechen dir, es ist ganz einfach. Zunächst überlegen wir uns, wie viele Kombinationen einen Straight

Flush ergeben, und dann teilen wir diese Anzahl wieder durch die Anzahl aller möglichen Kombinationen. Als Erstes wissen wir ja, dass es bei einem Pokerdeck 4 verschiedene Symbole gibt: Karo, Kreuz, Pik und Herz. Also müssen wir die Anzahl der möglichen Kombinationen mit 4 multiplizieren, damit jedes Symbol berücksichtigt wird:

$$\textit{Mögliche Kombinationen Straight Flush} = 4 \cdot$$

Nun überlegen wir uns, wie viele Straight Flushes bei jeder Symbolgruppe möglich sind. Es gibt jeweils 13 »Werte«: 2, 3, 4, 5, 6, 7, 8, 9, 10, Bube, Dame, König, Ass. Der kleinste Straight Flush, der sich bilden könnte, besteht aus den Karten Ass, 2, 3, 4, 5, 6. Insgesamt gibt es pro Symbol 10 Straight Flushes. Da der Straight Flush mit Ass als höchste Karte separat betrachtet wird (Royal Flush), sieht unsere Rechnung also folgendermaßen aus:

$$\textit{Mögliche Kombinationen Straight Flush} = 4 \cdot 9 \cdot$$

Zuletzt müssen wir uns noch überlegen, was mit den übrigen 2 Karten passiert. Beim Poker haben wir 2 Karten auf der Hand und 5 liegen in der Mitte. Für unseren Straight Flush benötigen wir insgesamt 5 Karten. Die überzähligen Karten können beliebige andere sein (47), nur nicht die nächstgrößere Karte (1), da dies einen größeren Straight Flush ergeben würde.

So können wir aus den 46 verbleibenden Karten 2 beliebige Karten ziehen. Die Anzahl der Kombinationen dafür berechnen wir wieder mit dem Binomialkoeffizienten:

$$\textit{Mögliche Kombinationen Straight Flush} = 4 \cdot 9 \cdot \binom{46}{2} = 37\,260$$

Es gibt also 37 260 mögliche Kombinationen für einen Straight Flush. Um zu berechnen, wie groß die Wahrscheinlichkeit ist, dass eine dieser Kombinationen beim Pokern auftaucht, teilen wir die Anzahl der Straight-Flush-Kombinationen durch die Anzahl aller möglichen Karten-Kombinationen:

$$\textit{Wahrscheinlichkeit Straight Flush} = \frac{37\,260}{133\,784\,560} \approx 0{,}000279 = 0{,}0279\,\%$$

Wir können festhalten, dass James Bond definitiv großes Glück in dieser beeindruckenden Pokerrunde hatte.

Blackjack

Das nächste interessante Glücksspiel im Casino ist Blackjack. Zu Beginn die Frage: Gibt es eine Taktik, mit der man immer gewinnt? Die Antwort lautet wie immer: Nein. ABER es gibt eine Möglichkeit, den Verlust zu minimieren. Ein Mathematiker vom MIT (Massachusetts Institute of Technology, eine führende Forschungsuniversität in Cambridge, Massachusetts, spezialisiert auf Wissenschaft und Technik) namens Edward O. Thorp hat sich dieser Aufgabe angenommen und die Strategie für Spielerinnen und Spieler optimiert. Bei einem Einsatz von 100 Euro muss man im Schnitt nur einen Verlust von 0,47 Euro hinnehmen. Natürlich verliert man unterm Strich trotzdem Geld, aber das Spiel ist nahezu fair, denn ein Spiel ist genau dann fair, wenn der Verlust und der Gewinn bei genau 0 Euro liegen. Der Mathematiker vom MIT hat dazu eine Tabelle erstellt, in der man ablesen kann, welcher Schritt der nächste richtige ist:

Ihre Hand	Dealer Hand									
	2	3	4	5	6	7	8	9	10	A
5–8	H	H	H	H	H	H	H	H	H	H
9	H	DD	DD	DD	DD	H	H	H	H	H
10	DD	DD	DD	DD	DD	DD	DD	DD	H	H
11	DD	DD	DD	DD	DD	DD	DD	DD	DD	H
12	H	H	S	S	S	H	H	H	H	H
13	S	S	S	S	S	H	H	H	H	H
14	S	S	S	S	S	H	H	H	H	H
15	S	S	S	S	S	H	H	H	H	H
16	S	S	S	S	S	H	H	H	H	H
17–20	S	S	S	S	S	S	S	S	S	S
A,2	H	H	H	DD	DD	H	H	H	H	H
A,3	H	H	H	DD	DD	H	H	H	H	H
A,4	H	H	DD	DD	DD	H	H	H	H	H
A,5	H	H	DD	DD	DD	H	H	H	H	H
A,6	H	DD	DD	DD	DD	H	H	H	H	H
A,7	S	DD	DD	DD	DD	S	S	H	H	H
A,8	S	S	S	S	S	S	S	S	S	S
A 9	S	S	S	S	S	S	S	S	S	S
2,2	H	H	P	P	P	P	H	H	H	H
3,3	H	H	P	P	P	P	H	H	H	H
4,4	H	H	H	H	H	H	H	H	H	H
5,5	DD	DD	DD	DD	DD	DD	DD	DD	H	H
6,6	H	P	P	P	P	H	H	H	H	H
7,7	P	P	P	P	P	P	H	H	H	H
8,8	P	P	P	P	P	P	P	P	P	P
9,9	P	P	P	P	P	P	S	P	S	S
10,10	S	S	S	S	S	S	S	S	S	S
A,A	P	P	P	P	P	P	P	P	P	P

DD	Double Down	P	Split
H	Hit	S	Stand

Wir sehen also, dass auch beim Blackjack die Mathematik helfen kann und die Gewinnchance sich erheblich erhöht. Abschließend können wir in diesem Kapitel festhalten, dass der Besuch im Casino durchaus Spaß machen kann und es viele spannende Spiele gibt. Aus mathematischer Sicht ergibt es jedoch keinen Sinn, mit Glücksspielen zu beginnen, da auf lange Sicht immer das Casino gewinnt. Daher ist es ratsam, vorsichtig zu sein und im besten Fall ganz die Finger vom Glücksspiel zu lassen.

Wie die Mathematik uns hilft, eine Pandemie zu verstehen

Erinnerst du dich noch an diese Graphen?

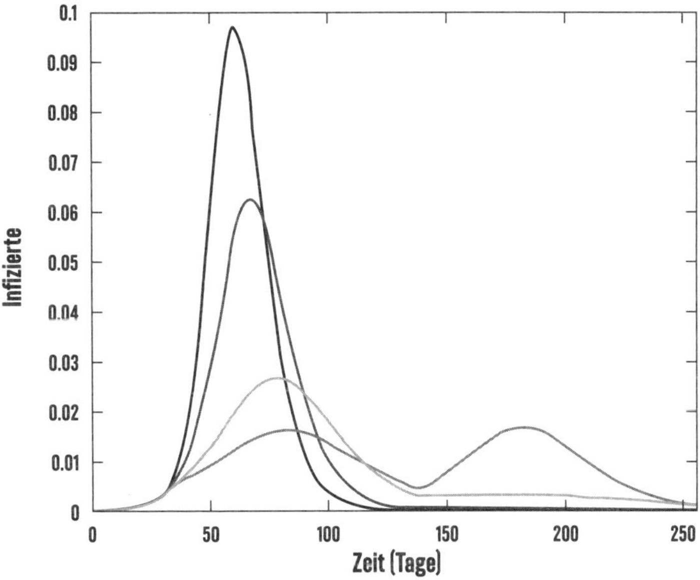

Und erinnerst du dich auch noch an den R-Wert und die Herdenimmunität? Vermutlich schon, denn sie waren täglicher Bestandteil der Corona-Pandemie und Werkzeuge, um die Krankheit besser zu verstehen und Voraussagen treffen zu können. Anders formuliert: Sie waren die Grundlage für die wichtigsten Entscheidungen, die während der Pandemie getroffen wurden. Zum Glück brauchen wir sie aktuell nicht mehr, nichtsdestotrotz ist es sehr spannend zu verstehen, wie diese Graphen und Werte miteinander zusammenhängen und wie sie zustande kommen.

Dahinter steckt recht simple Mathematik, und um das Ganze zu veranschaulichen, nehmen wir uns das fiktive Dorf »Mathematika« und helfen ihm, seine Pandemie zu bekämpfen. Am Ende dieses Kapitels gehörst du zu den wenigen Menschen, die die drei Begriffe SIR-Modell, R-Wert und Herdenimmunität nicht nur benutzen, sondern auch mathematisch erklären können. Weil es dir aber vermutlich wie uns geht und du den Begriff »Corona« nicht mehr hören kannst, werden wir der Krankheit einen anderen Namen geben. Die Zahlen, mit denen gerechnet wird, passen aber gut zu den Zahlen unserer Corona-Pandemie.

Auf geht es also in das Dorf Mathematika, wo große Aufregung herrscht. Eine neue Krankheit namens »Mathefieber« breitet sich aus. Die klügsten Köpfe des Dorfes sind zusammengekommen, um zu überlegen, wie es mit der Krankheit weitergeht und ob Schutzmaßnahmen getroffen werden müssen. Folgende Daten liegen ihnen vor:

- Mathematika hat 2000 Einwohner.
- Von ihnen sind 1400 gesund, 50 infiziert und 550 genesen.
- Die Krankheit dauert durchschnittlich 10 Tage.
- Pro Tag hat eine Person durchschnittlich 20 Kontakte mit anderen Personen.
- Die Wahrscheinlichkeit für eine Infektion bei einer Begegnung mit einem Infizierten liegt bei 5 %.

Auf den ersten Blick scheint alles klar: Es gibt wenige Infizierte und eine geringe Wahrscheinlichkeit sich zu infizieren. Schnell werden Stimmen laut, die behaupten, dass keine Maßnahmen erforderlich seien und die Lage überdramatisiert werde. Um aber auf Nummer sicher zu gehen, stimmt die Mehrheit des Rates zu, ein Modell zu entwerfen, das einen Überblick über den zukünftigen Verlauf der Gesunden, Infizierten und Genesenen gibt und dabei hilft, rational einzuschätzen, ob Maßnahmen notwendig sind, um die Krankheit einzudämmen, oder nicht. Dieses Modell nennt sich SIR-Modell und hat auch uns in der Pandemie geholfen, die richtigen Entscheidungen zu treffen. Mithilfe des Modells werden die Graphen, die wir am Anfang des Kapitels gezeigt haben, erstellt.

SIR-Modell

Das SIR-Modell ist ein sehr simples Modell, das die Realität extrem vereinfacht darstellt, aber dennoch wunderbar geeignet ist, um Voraussagen zu treffen. Eine Grundannahme des Modells: Die Bevölkerung wird in drei Gruppen unterteilt.

- **S**usceptible (Personen, die krank werden können, aber es aktuell nicht sind – Gesunde)
- **I**nfected (aktuell mit der Krankheit infizierte Personen – Infizierte)
- **R**ecovered (genesene Personen – Genesene)

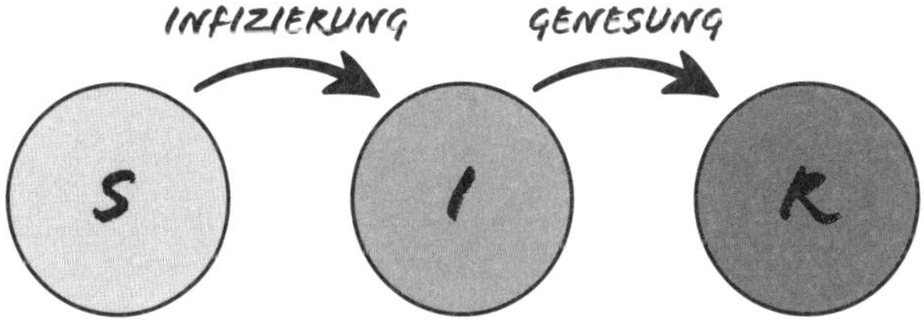

Warum aber ist es für das Dorf so wichtig, in die Zukunft schauen zu können? Reichen die aktuellen Zahlen nicht aus? Im Dorf sind 1400 Einwohner gesund, 50 infiziert und 550 genesen. Mit den Werten lassen sich keine Entscheidungen treffen, da sie nur eine Momentaufnahme sind. Theoretisch könnte es sein, dass in der nächsten Woche niemand mehr krank ist und die Krankheit keine große Rolle mehr spielt. Es könnte aber auch sein, dass in der nächsten Woche 200 Menschen erkrankt sind und die Krankheit völlig außer Kontrolle gerät. Viel wichtiger ist es also zu wissen, wie sich die Werte in der Zukunft verhalten, als nur auf die aktuellen Zahlen zu schauen.

Auskunft über die Zukunft gibt die **Veränderung** von Gesunden, Infizierten und Genesenen. In der Mathematik wird die Veränderung von Werten mithilfe von **Ableitungen** bestimmt. Für Ableitungen gibt es viele Schreibweisen, wir nutzen hier die einfachste: S',I' und R'. R' steht also zum Beispiel für die Veränderung der Genesenen pro Tag.

Die erste Frage, vor der die Dorfbewohner stehen, ist folgende:

Wie kann man die Veränderung der Genesenen (R) mathematisch definieren?

Die Veränderung der Genesenen hängt von zwei Faktoren ab.

1. Wie viele Menschen sind aktuell infiziert?
   → Je mehr Infizierte es gibt, desto stärker wird sich die Anzahl der Genesenen in Zukunft verändern.
2. Wie lange ist eine Person infiziert?
   → Die Gruppe der Genesenen verändert sich viel langsamer, wenn Infizierte 14 Tage brauchen, um zu genesen, als wenn sie nur 2 Tage brauchen.

Deshalb lautet die Ableitung von R:

$$R' = \frac{1}{\textit{Krankheitsdauer in Tagen}} \cdot I$$

Auf das Dorf übertragen bedeutet das:

50 Menschen sind infiziert und die durchschnittliche Krankheitsdauer liegt bei 10 Tagen.

Dann kommen pro Tag durchschnittlich $\frac{1}{10} \cdot 50 = 5$ Menschen aus der Gruppe der Infizierten in die Gruppe der Genesenen.

Die zweite Frage, vor der die Dorfbewohner stehen, ist diese:

Wie kann man die Veränderung der Gesunden (S) aufschreiben?

Die Veränderung der Gesunden zu Kranken hängt von 4 Faktoren ab:

1. Wie viele gesunde Menschen (S) gibt es?
   → Wenn es keine gesunden Menschen gibt, dann kann auch niemand infiziert werden.
2. Wie viele Infizierte (I) gibt es?
   → Je mehr Infizierte es gibt, desto mehr Gesunde werden angesteckt.
3. Wie viele Kontakte hat eine infizierte Person pro Tag?
   → Je mehr Kontakte ein Infizierter hat, desto mehr Menschen werden krank.
4. Wie groß ist die Wahrscheinlichkeit, nach einem Kontakt mit einem Infizierten zu erkranken?
   → Wenn die Wahrscheinlichkeit groß ist, dann werden auch viele Kontaktpersonen krank.

Die Ableitung von S, also die Veränderung der gesunden zu kranken Menschen, lautet deshalb:

$$S' = -\textit{So viele steckt ein Infizierter pro Tag an} \cdot I \cdot \frac{S}{\textit{alle Menschen im Modell}}$$

Indem wir *So viele steckt ein Infizierter pro Tag an* $\cdot$ *I* rechnen, erhalten wir die Anzahl der Menschen, die täglich angesteckt würden, wenn sich jeder infizieren könnte. Beispiel: Wenn ein Infizierter täglich eine Person ansteckt, dann könnten 50 Infizierte theoretisch 50 Menschen pro Tag anstecken.

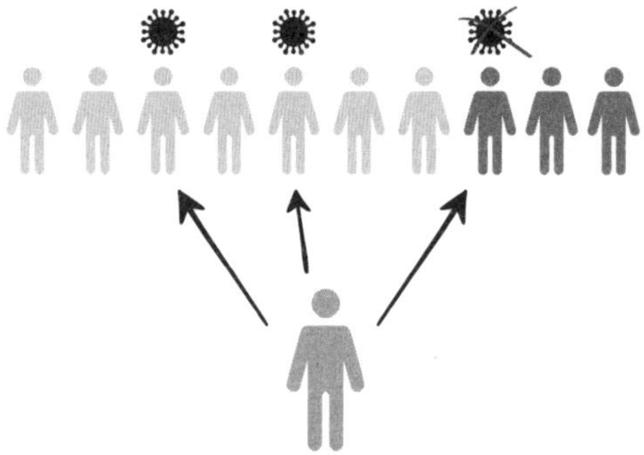

Da es darunter aber Menschen gibt, die schon genesen, also immun sind, und andere aktuell infiziert sind und nicht angesteckt werden können, multiplizieren wir diesen Wert mit dem **Anteil** der Gesunden an der Gesamtbevölkerung $\left(\frac{S}{\text{alle Menschen im Modell}}\right)$. Dadurch ergibt sich dann die tatsächliche tägliche Veränderung der Gesunden, die zu Infizierten werden. Ein Minus steht vor allem, weil sich die Zahl der Gesunden ja durch eine Infektion verringert.

Die Anzahl der Menschen, die ein Infizierter durchschnittlich pro Tag ansteckt, kann man auch bestimmen, indem man die Kontakte, die ein Infizierter pro Tag hat, mit der Wahrscheinlichkeit für eine Infektion multipliziert.

$$= -\,\textit{Kontakte / Tag} \cdot \textit{Wahrsch. für Infektion} \cdot I \cdot \frac{S}{\textit{alle Menschen im Modell}}$$

Auf das Dorf übertragen:

- In dem Dorf leben 2000 Leute.
- Von ihnen sind 1400 gesund und 50 infiziert.
- Pro Tag hat eine Person 20 Kontakte.
- Die Wahrscheinlichkeit für eine Infektion bei einer Begegnung mit einem Infizierten liegt bei 5 %.

$$S' = -\,\textit{Kontakte / Tag} \cdot \textit{Wahrsch. für Infektion} \cdot I \cdot \frac{S}{\textit{alle Menschen im Modell}}$$

$$= -\,20 \cdot 0{,}05 \cdot 50 \cdot \frac{1400}{2000} = -\,35\ \textit{Personen / Tag}$$

Im Beispiel gehen also pro Tag 35 Gesunde zu den Infizierten über.

Die dritte Frage, vor der die Dorfbewohner stehen:
Wie kann man die Veränderung der Infizierten (I) erfassen?

Antwort:
Wir wissen schon, wie viele Menschen sich pro Tag infizieren und wie viele pro Tag gesund werden. Die Veränderung der Infizierten ist einfach die Veränderung der Gesunden (S) minus die Veränderung der Genesenen (R). Allerdings müssen wir hier aufpassen. S' (die Veränderung der Gesunden) ist immer ein negativer Wert wie wir im obigen Beispiel gesehen haben. Schließlich gibt er uns an, wie viele Personen die Gruppe der Gesunden verlassen. Wenn wir allerdings die Veränderung der Infizierten betrachten, dann muss der Wert dort positiv sein, da die Personen ja von den Gesunden zu den Infizierten hinzukommen (+). Um einen positiven Wert zu erhalten, setzen wir S' deshalb in Betragsstriche.

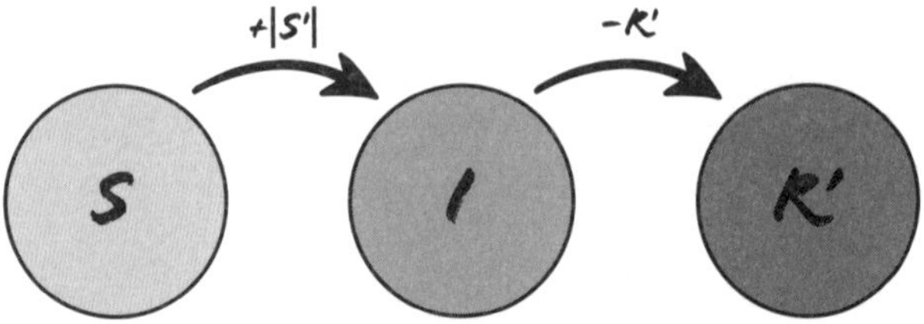

$I' = |S'| - R'$

Auf das Dorf übertragen bedeutet das:

Pro Tag infizieren sich 35 Personen und es genesen 5. Dann erhalten wir eine Veränderung von 35 – 5 = 30 Infizierten pro Tag.

Mithilfe dieser drei Ableitungen können die klugen Köpfe des Dorfes nun auch die tägliche Veränderung in der Zukunft darstellen. Theoretisch können sie damit für jeden Tag in der Zukunft die Anzahl an Gesunden, Infizierten und Genesenen »händisch« berechnen. Weil das aber zu zeitaufwendig ist, geben sie die Formeln in ein Matheprogramm ein, das die Arbeit für sie erledigt. Dabei ergeben sich die folgenden drei Graphen. Sie zeigen, wie sich die Werte entwickeln würden, wenn alles so weiterginge wie bisher:

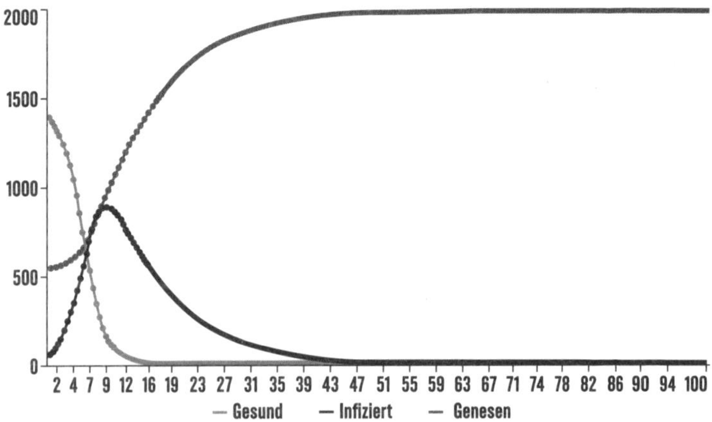

Dieser starke Anstieg von Infizierten macht dem Rat große Sorgen, woraufhin er Maßnahmen zur Einschränkung der Kontakte beschließt. Nun steht er aber vor einem neuen Problem. Wenn es pro Tag etwa 10 Neuinfektionen geben würde, dann wäre das ein deutlich höherer Wert als ein Wert von 5. Allerdings sagt er allein nichts über die Ausbreitung der Krankheit aus, denn wenn 10 Neuinfektionen 300 Infizierte gegenüberstehen, dann ist das eine deutlich bessere Quote als 5 Neuinfektionen bei 50 Infizierten. Die Menschen des Dorfes brauchen also eine weitere Kennzahl, mit der sie die Anzahl der Neuinfektionen ins Verhältnis zu den Infizierten setzen können.

R-Wert

Der R-Wert war auch eine der wichtigsten Kennzahlen in unserer Corona-Pandemie. Er richtet den Blick nicht auf die bloße Anzahl der Neuinfektionen, sondern auf einen einzelnen Infizierten und darauf, wie viele Menschen er im Mittel ansteckt, während er infiziert ist. Er berechnet sich mit uns schon aus dem SIR-Modell bekannten Werten:

R_0 = *So viele steckt ein Infizierter pro Tag an · Krankheitsdauer in Tagen*
= Kontakte/Tag · Wahrsch.für Infektion · Krankheitsdauer in Tagen

Wenn er größer als 1 ist, dann bedeutet das, dass ein Infizierter im Verlauf seiner Krankheit im Mittel mehr als eine Person ansteckt. Die Folge: Der Erreger breitet sich aus und immer mehr Menschen infizieren sich. Wenn er kleiner als 1 ist, dann bedeutet das analog, dass ein Infizierter im Verlauf seiner Krankheit im Mittel weniger als eine Person ansteckt. In diesem Fall verringert sich die Anzahl der Infizierten immer weiter und die Krankheit zieht sich zurück.

Auf das Dorf übertragen heißt das:

- Pro Tag hat eine Person 20 Kontakte.
- Die Wahrscheinlichkeit für eine Infektion bei einer Begegnung mit einem Infizierten liegt bei 5 %.
- Die Krankheitsdauer beträgt 10 Tage.

R_0 = *Kontakte/Tag · Wahrsch. für Infektion · Krankheitsdauer in Tagen*

$R_0 = 20 \cdot 0{,}05 \cdot 10 = 10$

Ein Infizierter steckt also im Mittel 10 Gesunde während seiner Krankheit an. Die Mitglieder des Rates sind geschockt. Dieser Wert enthüllt nun endgültig, wie ernst die Lage ist. Sofort verschärfen sie ihre Maßnahmen nochmals.

Nach zwei Wochen trifft sich der Rat erneut. Zuerst stellt er mit Besorgnis fest, dass sich die Anzahl der Infizierten auf über 200 erhöht hat. Panik breitet sich aus: Waren die Maßnahmen also nicht wirksam? Doch, das waren sie! Als sich die Mitglieder nämlich den R-Wert anschauen, stellen sie mit Freude fest, dass er sich von 10 auf 2 gesenkt hat. Das liegt zwar immer noch über der magischen Grenze von 1, ist aber ein super Fortschritt im Vergleich zum Startwert. Wenn R_0 von Anfang an bei 2 gelegen hätte, dann hätten die Graphen nur so ausgesehen:

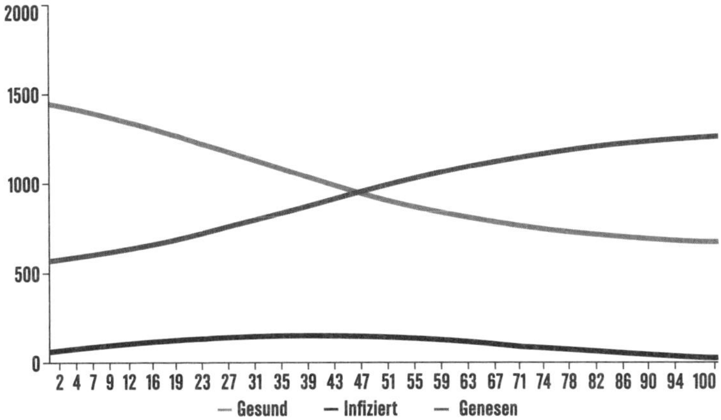

Mithilfe dieses QR-Codes kannst du selbst einmal ausprobieren, wie sich die Graphen verändern, wenn bestimmte Parameter variiert werden.

Aufgrund dieses Umstandes breitet sich Euphorie in den Reihen des Rates aus. »Dann können wir die Maßnahmen ja bald wieder aufheben«, meinen die einen. Die anderen sind ganz anderer Meinung: »Auf keinen Fall! Das wäre viel zu gefährlich.« Welche Gruppe hat aber recht? Wie finden wir überhaupt heraus, wann keine Maßnahmen mehr notwendig sind?

Herdenimmunität

Die Herdenimmunität gibt uns an, wann so viele Menschen genesen und immun gegen die Krankheit sind, dass sie sich automatisch zurückzieht und immer weniger Menschen erkranken (können).

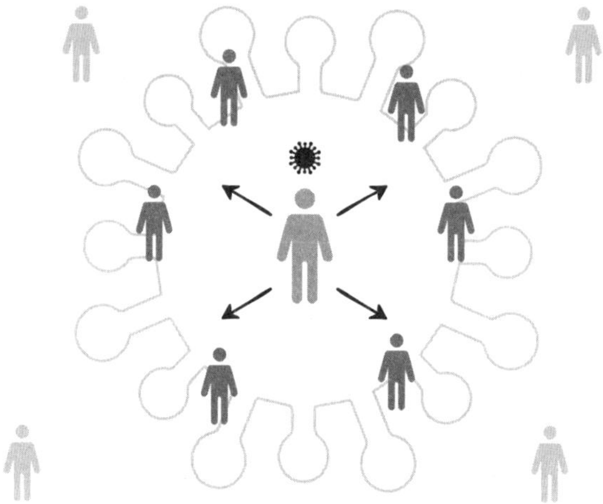

Die Vorarbeit, um auf die Formel zu kommen, ist etwas aufwendiger und sehr mathematisch (aber machbar!). Wenn du Interesse daran hast, findest du eine mathematische Herleitung unter »Weiterführende Erklärungen«. Die Formel selbst ist allerdings recht simpel:

Wenn $S < \frac{\text{Anzahl aller Menschen}}{R_0}$, dann liegt eine Herdenimmunität vor.

Auf das Dorf übertragen:

Wenn das Dorf keine Schutzmaßnahmen ergreift, liegt R_0 bei 10. Eine Herdenimmunität ist also erreicht, wenn die Anzahl der Gesunden (S) kleiner als $\frac{2000}{10} = 200$ ist. Entsprechend müssen 1800 der 2000 Einwohner infiziert/genesen sein, damit eine Herdenimmunität vorliegt.

Da dem Dorf dieser Wert allerdings viel zu groß ist, um ihn auf natürliche Art zu erreichen, beschließt es, sich an die Herstellung eines Impfstoffes zu machen. Der ermöglicht den Bewohnerinnen und Bewohnern nämlich, in die Gruppe der Immunen/Genesenen zu gelangen, ohne infiziert sein zu müssen.

Diese kleine Geschichte zeigt uns, wie wichtig die Mathematik in Krisensituationen wie der Corona-Pandemie sein kann. Sie hat uns dabei geholfen, richtige Entscheidungen zu treffen. Besonders schön ist es zu sehen, dass die dafür angewandte Mathematik nicht kompliziert sein muss, sondern manchmal so leicht verständlich ist, dass sie in wenigen Schritten selbst hergeleitet werden kann.

Mathematik und Klimawandel: Können wir unsere Welt noch retten?

26 Grad im Oktober, Waldbrände und Sturmfluten in ganz Europa – der Klimawandel tritt immer deutlicher zutage. Doch was hilft denn nun wirklich gegen die immer schneller voranschreitende Erwärmung der Erde? Mehr Fahrrad fahren? Weniger Fleisch essen? Sparsamere Unternehmen? Sicherlich führen viele Wege zum Ziel, um den Klimawandel zu bekämpfen und unsere Umwelt zu schonen. Die Frage, welcher Weg der beste ist, möchten und können wir hier nicht beantworten, weil sie viel zu komplex ist. Wir möchten in diesem Kapitel

aber untersuchen, ob und wie wir die Klimaziele – rein mathematisch betrachtet – noch erreichen können.

Bevor wir damit loslegen, kommt hier eine kleine Bestandsaufnahme: Ab 2020 dürften wir Menschen insgesamt maximal **500 Milliarden Tonnen** CO_2 ausstoßen, um das 1,5-Grad-Ziel mit einer Wahrscheinlichkeit von **50 %** bis zum Ende des Jahrhunderts zu erreichen. Machen wir weltweit jedoch so weiter wie bisher, dann haben wir den Vorrat noch vor dem Jahr 2040 aufgebraucht. Übertragen auf Deutschland bedeuten diese Zahlen, dass Deutschland ab 2022 nur noch **3,1 Milliarden Tonnen** verbrauchen darf.[9] Bedenkt man allerdings, dass wir allein im Jahr 2022 **666 Millionen Tonnen** CO_2 ausgestoßen haben,[10] dann sind diese Werte wohl kaum noch zu erreichen ... oder? Sicher ist: Würde es wie im Jahr 2022 weitergehen, dann wäre das Budget bereits vor 2030 aufgebraucht. Wie viel CO_2 muss also jährlich eingespart werden, damit das Ziel noch erreicht werden kann?

Millionen Tonnen dürfen noch verbraucht werden

Millionen Tonnen wurden allein im Jahr 2022 verbraucht

Die Möglichkeiten

Grundsätzlich sind zwei Wege denkbar. Zum einen könnten wir herausfinden, wie viele Tonnen CO_2 wir ab jetzt jedes Jahr mehr als im letzten Jahr einsparen müssen, um das Ziel zu erreichen. So hätten wir einen festen Wert, an dem wir uns jedes Jahr orientieren könnten. Zum anderen wäre es aber auch möglich, sich nicht auf die Tonnenanzahl zu konzentrieren, sondern den Blick auf die prozentuale jährliche Einsparung zu legen, die im Vergleich zum Vorjahr notwendig wäre.

Was denkst du: Welcher Weg ist der bessere? Gibt es überhaupt einen Unterschied?

Fall 1:
»Ab jetzt muss Deutschland jährlich **t** Tonnen weniger CO_2 als im Vorjahr verbrauchen.«

Man könnte versuchen, so lange herumzuexperimentieren, bis man die richtige Zahl durch *trial and error* gefunden hat, aber die Zeit drängt, und es gibt einfach zu viele Möglichkeiten, die man ausprobieren müsste. Nehmen wir daher den eleganteren und schnelleren Weg, den mit der richtigen Mathematik.

Wir müssen uns das Problem so vorstellen: Im Jahr 2022 verbrauchte Deutschland 666 Millionen Tonnen CO_2. Jedes Jahr **(j)** werden es dann **t** Millionen Tonnen weniger.

$$f(j) = 666 - t \cdot j$$

Mit dieser Funktion können wir schon einmal sehr schnell berechnen, wie viele Kilogramm CO_2 Deutschland noch in einem beliebigen Jahr verbraucht. Es müssen nur die entsprechenden Werte für **t** und **j** eingesetzt werden. Beispiel: Wenn man jedes Jahr 50 Millionen Tonnen einspart (t = 50), dann würde man nach 7 Jahren (j = 7) noch $666 - 50 \cdot 7 = 316$ Millionen Tonnen verbrauchen. Zu wissen, wie viel in welchem Jahr noch verbraucht wird, ist aber nicht genug. Wir wollen wissen, ob die Einsparungen ausreichen, um insgesamt nicht mehr als die 3,1 Milliarden Tonnen zu verbrauchen.

Dafür benötigen wir das Integral der Funktion von 0 (Jahr 2022) bis x (beliebiges Jahr in der Zukunft). Es gibt uns an, wie viele Tonnen CO_2 seit dem Jahr 2022 **insgesamt** verbraucht wurden. Falls du erfahren möchtest, was genau hinter dem Integral steckt und wie man es berechnet, dann schaue gerne im Kapitel »Weiterführende Erklärungen« nach. Das Integral von 0 bis x von der Funktion $f(j) = 666 - t \cdot j$ lautet:

$$\int_0^x (666 - t \cdot j)\, dj = 666 \cdot x - \frac{1}{2} \cdot t \cdot x^2$$

Spannend wird es nun, wenn ein Taschenrechner oder ein Computerprogramm uns den Verlauf der CO_2-Emissionen für alle jährlichen Einsparungswerte zwischen 0 und 100 Millionen Tonnen grafisch darstellt. So können wir auf einen Blick erfassen, wie viele Kilogramm Deutschland jedes Jahr weniger verbrauchen muss, damit es die Grenze von 3,1 Milliarden Tonnen nicht überschreitet. Hinter dem QR-Code versteckt sich eine interaktive, grafische Animation, mit der du experimentieren und die Lösung ganz einfach herausfinden kannst.

Richtig, es sind 72 Millionen Tonnen. Wenn Deutschland es also schafft, jedes Jahr 72 Millionen Tonnen CO_2 weniger zu verbrauchen als im Vorjahr, bleiben wir unter dem CO_2-Budget von 3,1 Milliarden Tonnen. Noch besser: Nach etwas über 9 Jahren wäre Deutschland sogar CO_2-neutral und würde jährlich gar kein CO_2 mehr ausstoßen. Wie das konkret aussehen würde, haben wir hier einmal in einem Diagramm dargestellt.

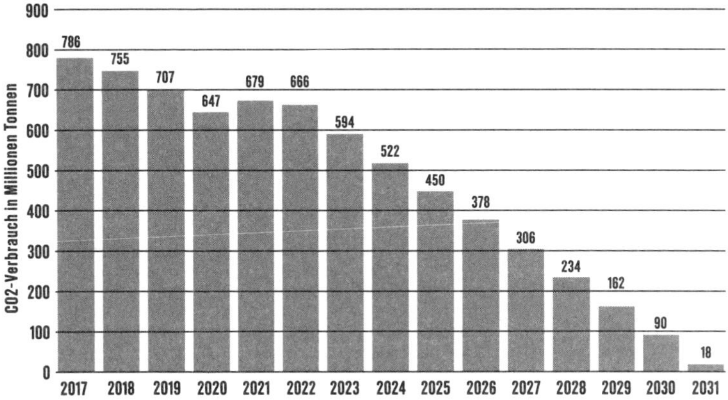

Man nennt diese Form der Abnahme übrigens »lineare Abnahme«. Immer dann, wenn in gleichen Zeitintervallen gleich viel Abnahme auftritt, ergibt sich eine gerade Linie im Graphen. Genau wie in unserem Beispiel: Würde man ab dem Jahr 2022 alle Werte miteinander verbinden, würde sich eine perfekte Linie ergeben.

Ist dir der Fehler aufgefallen?

Vielleicht ist dir aber beim Graphen, der sich hinter dem QR-Code versteckt, aufgefallen, dass er ab einem gewissen Zeitpunkt nicht mehr steigt, sondern wieder nach unten geht. Das ergibt wenig Sinn, denn es würde bedeuten, dass die Menge an CO_2, die seit 2022 ausgestoßen wurde, ab einem gewissen Zeitpunkt wieder weniger wird. Das ist natürlich nicht der Fall, denn wenn wir CO_2 einmal verbraucht haben, kann das nicht wieder rückgängig gemacht werden. Ähnlich wie man eine Zigarette nicht zurückholen kann, wenn sie einmal geraucht wurde. Warum aber nimmt der Graph dann ab dem 10. Jahr ab?

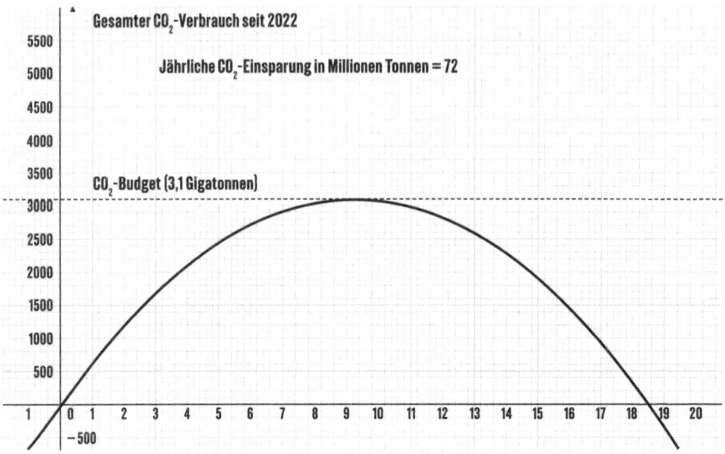

Die Antwort ist recht simpel. Unsere Funktion $f(j) = 666 - t \cdot j$ hat einen »Fehler«. Sie schreibt den abnehmenden Verbrauch ständig weiter fort. Selbst dann, wenn schon gar kein CO_2 mehr ausgestoßen wird. Wir kommen also irgendwann in den Minusbereich und laut Funktion werden dann weniger als 0 Tonnen CO_2 ausgestoßen. Das ergibt realistisch betrachtet natürlich keinen Sinn, führt aber dazu, dass die Menge des gesamten CO_2-Ausstoßes ab dem 10. Jahr wieder rückläufig ist.

Fall 2:

»Ab jetzt muss Deutschland jedes Jahr **p %** weniger CO_2 verbrauchen als im Vorjahr.«

Im Jahr 2022 verbraucht Deutschland **666** Millionen Tonnen CO_2. Jedes Jahr (j) werden es dann **p %** weniger. Entsprechend würde es nach einem Jahr noch **666** · (**100** % – ***p*** %) Tonnen ausstoßen und nach zwei Jahren **666** · (**100** % – ***p*** %) · (100 % – *p* %) = 666 · (100 % – *p* %)^2. Analog ergibt sich für die folgenden Jahre die Funktion:

$$g(j) = 666 \cdot (100\,\% - p\,\%)^j = 666 \cdot (1 - p)^j$$

Mit dieser Funktion können wir wieder in aller Kürze berechnen, wie viel CO_2 Deutschland nach j Jahren noch verbraucht. Wenn die Emissionen jährlich etwa um 10 % (p = 0,1) verringert werden, dann stoßen wir nach 5 Jahren (j = 5) noch $666 \cdot (1 - 0{,}1)^5 = 393{,}27$ Millionen Tonnen aus.

Mithilfe des Integrals kann das Computerprogramm dann erneut simulieren, wie viel CO_2 seit 2022 insgesamt im Laufe der Jahre verbraucht wird. Das Integral von 0 bis x von der Funktion $g(j) = 666 \cdot (1 - p)^j$ lautet:

$$\int_0^x (666 \cdot (1 - p)^j)\, dj = 666 \cdot \frac{(1 - p)^x - 1}{ln(1 - p)}$$

Um wie viel Prozent müssen wir also unseren Verbrauch jährlich senken? Auch hinter diesem QR-Code versteckt sich eine interaktive, grafische Animation, mit der du experimentieren und die Lösung ganz einfach herausfinden kannst.

Es sind 20 % im Vergleich zum Vorjahr. Das ist ganz schön viel, oder? Allein im ersten Jahr wären das ca. 133 Millionen Tonnen und damit 61 Millionen Tonnen mehr als mit der Methode 1. Mit der Zeit würde es dann aber immer weniger werden, da die Basis, von der die 20 % abgezogen werden, ebenfalls immer kleiner wird. Wie es in den Jahren danach weitergehen würde, haben wir wieder in einem Diagramm dargestellt.

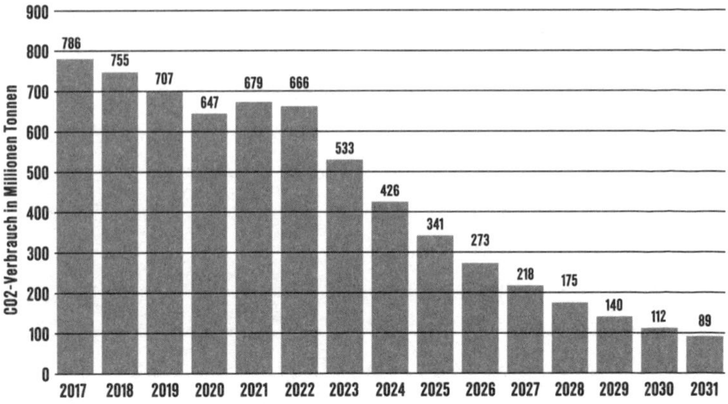

Diese Form der Abnahme nennt man »exponentielle Abnahme«. Sie liegt immer dann vor, wenn sich ein Wert in gleichen Zeitabschnitten um denselben Faktor verringert. So wie bei uns: Jedes Jahr verringert sich der Wert um 20 %. Der Graph zum exponentiellen Wachstum hat immer eine geschwungene L-Form.

Der Gewinner

Welche Methode würdest du wählen, wenn du darüber entscheiden dürftest?

Pauschal lässt sich nicht beantworten, welche Methode die bessere ist. Besser, um möglichst schnell das gewünschte Ergebnis zu erreichen, ist die zweite Methode, da mit ihr zu Beginn deutlich mehr Emissionen eingespart werden. Besser in der Praxis umsetzbar ist die erste Methode, da sie den CO_2-Ausstoß anfangs nicht so drastisch verringert. Außerdem führt sie schneller zur CO_2-Neutralität Deutschlands. Allerdings werden durch sie in Summe mehr Emissionen ausgestoßen, als dies bei Methode 2 der Fall wäre.

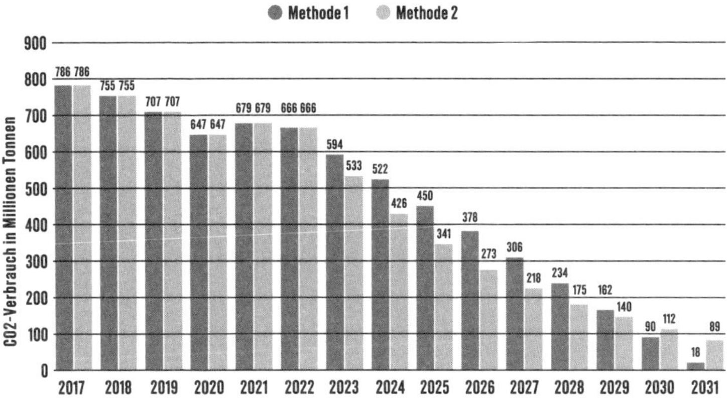

Am Ende ist es auch gar nicht so wichtig, welche Methode wir wählen, sondern vielmehr, dass wir möglichst schnell viel dafür tun, unseren CO_2-Verbrauch drastisch zu senken. Wir können das 1,5°-Ziel noch erreichen, das haben wir durch unsere Berechnungen gezeigt. Und wir wissen nun auch genau, wie viel wir dafür einsparen müssen. Das Einzige, das wir dafür tun müssen, ist, es zu handeln. Leichter gesagt als getan …

TEIL 3

Mathe macht Spaß!

Was ist die spaßigste Matheerfahrung, die du bisher gemacht hast? Wenn deine Antwort lautet, »... dass es geklingelt hat und die Mathestunde vorbei war«, dann können wir das leider sogar verstehen. In der Schule ist Mathe nicht immer spaßig. Lehrpläne, die genau vorgeben, was behandelt werden muss; Unterricht, in dem nur öde Aufgaben gerechnet werden; und Klassenarbeiten, für die man auch noch eine Note bekommt: Wie soll da Spaß entstehen? Diese ganzen Vorgaben und Einschränkungen haben wir nicht. Wir müssen uns an keinen Lehrplan halten und am Ende dieses Buches wartet auch ganz sicher kein Überraschungstest. Deshalb haben wir für dich die spannendsten Mathephänomene gesammelt und in dieses Kapitel gesteckt. Auf dich warten verblüffende Gedankenexperimente, ein kleiner Escape-Room und sogar die ein oder andere Verschwörungstheorie. Wenn du bereit bist, dein altes Bild von »öder und trockener« Mathematik abzulegen und durch verblüffende, spannende und sogar spaßige Erfahrungen zu ersetzen, dann ist dieses Kapitel genau das Richtige für dich.

Täuscht dich dein Zahlengefühl?

Würdest du von dir selbst behaupten, ein gutes Zahlengefühl zu haben? Dann stellen wir dich bei den nächsten vier Fragen auf die Probe. Du wirst die ein oder andere Überraschung erleben – versprochen.

Auf geht's nach Australien?

Angenommen, man würde alle 8 Milliarden Menschen dieser Welt nach Australien umsiedeln und die Fläche des Kontinents gleichmäßig unter ihnen aufteilen. Wie viel Platz hätte dann jeder für sich allein?

a. ca. 1 m^2
b. ca. 10 m^2
c. ca. 100 m^2
d. ca. 1000 m^2

Rechnung:

- Australien hat eine Landfläche von rund 7,7 Millionen km^2.
- Auf der Erde Leben rund 8 Milliarden Menschen.

Indem wir die Fläche Australiens durch die Anzahl aller Menschen teilen, erfahren wir, wie viel Platz theoretisch jeder für sich hätte.

$$\frac{7\,700\,000\ km^2}{8\,000\,000\,000\ Personen} = 0{,}000963\ km^2 / Person$$

Achtung: Beim Umrechnen von km^2 in m^2 können wir das Komma nicht einfach um 3 Stellen nach rechts verschieben, denn $1\ km^2 \neq 1000\ m^2$, sondern $1\ km^2 = 1000\ m \cdot 1000\ m = 1\,000\,000\ m^2$. Entsprechend müssen wir das Komma um ganze 6 Stellen nach rechts verschieben und kommen so auf ein Ergebnis von $963\ m^2$ und damit fast $1000\ m^2$ pro Person. Unglaublich, oder?

Das Blatt Papier, das bis zum Mond reicht

Stell dir vor, man könnte ein Blatt Papier unendlich oft falten. Wie oft müsste man es dann in der Mitte falten, bis es bis zum Mond reicht?

a. 26-mal
b. 42-mal
c. 168-mal
d. 1344-mal

- Ein Blatt Papier ist rund 0,1 mm dick. In km umgerechnet sind das 0,0000001 km.
- Die Entfernung bis zum Mond beträgt rund 384 400 km.

Wenn man ein Blatt Papier in der Mitte faltet, dann verdoppelt es seine Dicke bei jedem Falten. Ohne Falten sind es 0,1 mm, nach dem ersten Falten 0,2 mm, nach dem zweiten Falten 0,4 mm und immer so weiter. Man könnte also rechnen $0{,}1 \cdot 2 \cdot 2 \cdot 2 \cdot \ldots$ oder etwas kürzer $0{,}1 \cdot 2^x$, wobei x die Anzahl der Faltungen angibt. Wenn man es 3-mal faltet, dann erhält man $0{,}1 \cdot 2^3$, also genau die gewünschte Rechnung $0{,}1 \cdot 2 \cdot 2 \cdot 2$.

Wir können die Dicke des Blattes am besten in km schreiben, also als $0{,}0000001 \cdot 2^x$, damit alle Längen in der gleichen Einheit angegeben sind. Nun möchten wir also wissen, wann diese Dicke der Entfernung bis zum Mond entspricht – wann sie also **gleich** der Entfernung bis zum Mond ist.

$$0{,}0000001 \cdot 2^x = 384.400$$

Bei der Lösung hilft uns ein alter Bekannter, nämlich der Logarithmus. Man verwendet ihn immer dann, wenn das gesuchte x im Exponenten steht. Möchte man etwa wissen, was x sein muss, damit $2^x = 8$ ist, gibt man im Taschenrechner einfach $\log_2(8)$ ein und erhält als Lösung $x = 3$. Probe: $2^3 = 8$. Mit dem Logarithmus können wir in nur zwei Schritten das gesuchte x finden, indem wir rechnen:

$$0{,}0000001 \cdot 2^x = 384\,400 \qquad |: 0{,}0000001$$

$$\Leftrightarrow 2^x = 3.844\,000\,000\,000$$

$$\log_2(3\,844\,000\,000\,000) \approx 41{,}8$$

$$\text{Probe: } 0{,}0000001 \cdot 2^{41{,}8} \approx 384\,400$$

Kaum zu glauben, aber wahr: Man müsste das Blatt nur 42-mal falten.

Die Apfelüberraschung

Stelle dir vor, du kaufst einen 10-kg-Sack mit Äpfeln. Zu Beginn haben die Äpfel einen Wassergehalt von 99 %. Leider vergisst du sie im Abstellraum, sie trocknen mit der Zeit aus und haben nur noch einen Wassergehalt von 98 %. Wie viele Kilogramm Äpfel besitzt du dann noch, wenn du sie findest?

a. 9,7 Kilogramm
b. 7,4 Kilogramm
c. 5,0 Kilogramm
d. 3,5 Kilogramm

Der Trick bei diesem Rätsel besteht nicht darin, sich auf den Wasseranteil zu konzentrieren, sondern den Trockenanteil in den Blick zu nehmen. Zu Beginn beträgt er 0,1 kg und damit 1 %, da die 10 kg ja zu 99 % aus Wasser bestehen. Während die Äpfel trocknen, bleibt die Trockenmasse gleich. Sie beträgt also auch später noch 0,1 kg. Nun macht sie allerdings nicht mehr 1 % der Gesamtmasse, sondern ganze 2 % aus. Schließlich ist der Wasseranteil auf 98 % gesunken.

Wenn nun 2 % der Gesamtmasse 0,1 kg entsprechen, dann entsprechen 100 % … genau, nur 5 kg. So komisch es auch klingt. Wenn der Wasseranteil auf 98 % fällt, dann fällt das Gesamtgewicht um ganze 5 kg.

Der positive Test

Eine neue Krankheit breitet sich in der Bevölkerung aus. Schon 2 % der Menschen sind infiziert. Eine Gruppe von 10 000 Probanden wird als repräsentative Gruppe für einen Schnelltest ausgewählt, um seine Zuverlässigkeit zu bestätigen. Das Ergebnis: Zu 99 % zeigt der Test ein positives Ergebnis, wenn eine infizierte Person sich ihm unterzieht. Zu nur 2 % zeigt der Test an, dass eine Person infiziert ist, obwohl sie das gar nicht ist. Ganz schön gut, oder? Stell dir nun vor, dass du einen Schnelltest machst und dir ein positives Ergebnis angezeigt wird. Wie groß ist dann die Wahrscheinlichkeit, auch tatsächlich infiziert zu sein?

a. 99 %
b. 98,2 %
c. 50,3 %
d. 49,5 %

Intuitiv bist du wahrscheinlich von 99 % ausgegangen, oder? Schließlich zeigt der Test ja zu 99 % ein positives Ergebnis an, wenn eine infizierte Person ihn macht. Schauen wir einmal, ob das stimmt:

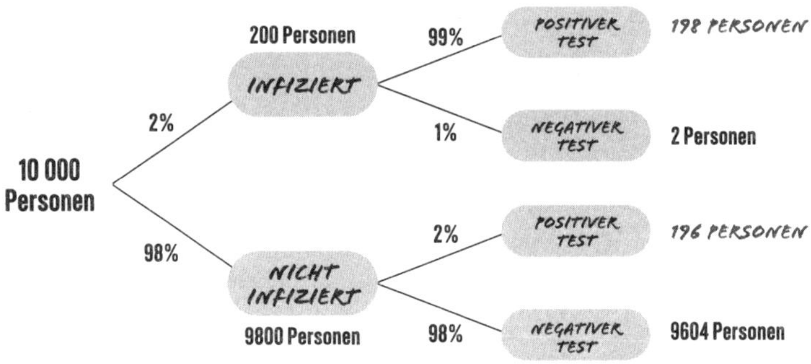

Im Diagramm haben wir die repräsentativen 10 000 Personen zuerst in die Gruppen »infiziert« und »nicht infiziert« eingeteilt. Da 2 % der Bevölkerung infiziert sind, sind unter den 10 000 entsprechend 200 Infizierte. Von den 200 Infizierten erhalten 99 % (198 Personen) ein positives Testergebnis. Von den 9800 nicht Infizierten sind es nur 2 % (196 Personen). Insgesamt gibt es also 198 + 196 = 394 positive Tests. Wie viele Menschen von ihnen sind dann auch tatsächlich positiv? Genau,

198. Von 394 Menschen mit einem positiven Test sind nur 198 infiziert. Man ist also lediglich zu $\frac{198}{394} \approx 0{,}503 \rightarrow 50{,}3\,\%$ infiziert, wenn der Test positiv ausfällt.

Sind die großartig klingenden Testwahrscheinlichkeiten von 99 % und 2 % also nur Augenwischerei? Auf keinen Fall! Von den 9606 negativen Tests sind nämlich nur 2 fälschlicherweise negativ. Die Wahrscheinlichkeit, infiziert zu sein, beträgt also nur 0,02 %, wenn der Test negativ ist. Und genau diese Wahrscheinlichkeit ist enorm wichtig zur Eindämmung einer Krankheit. So wird verhindert, dass Infizierte davon ausgehen, nicht infiziert zu sein, und weitere Menschen anstecken. Der Umstand, dass einige Personen einen positiven Test bekommen, obwohl sie gar nicht infiziert sind, ist im Kontext einer Pandemie nicht schlimm. Besser zu viele positive Tests als zu wenige.

Warum aber erhalten so viele Menschen einen falsch positiven Test, obwohl der Test grundsätzlich doch recht sicher ist? Das liegt an der großen Menge an gesunden Menschen im Vergleich zu den Infizierten. Zwar werden nur 2 % der Gesunden als falsch positiv angezeigt, aber unter die Gruppe der Gesunden fallen 98 % der Menschen. In unserem Beispiel also 9800 Menschen. 2 % von 9800 können dann fast genau so viel sein wie 99 % von 200 Infizierten. Das Interessante daran: Man braucht möglichst viele Infizierte und möglichst wenige Gesunde, damit ein positiver Test mit großer Wahrscheinlichkeit auch bedeutet, dass eine Person infiziert ist.

Wenn du nun viele dieser Schätzfragen falsch beantwortet hast, können wir dich beruhigen: Die meisten Menschen beantworten sie intuitiv falsch. Wenn du also auf der nächsten Party ein paar verblüffte Gesichter sehen möchtest, kannst du diese Fragen ja mal stellen.

Gedankenexperimente – weißt du, wie sie ausgehen?

Wir alle kennen das: Wir sitzen mit unserer Familie oder unseren Freunden in einer gemütlichen Runde, und jemand fängt ein lustiges Thema an. Plötzlich entwickelt sich eine Dynamik, und man spinnt diese fiktive Idee so lange weiter, bis sie absolut absurd ist. Und dann kommt die entscheidende Frage: Wäre das theoretisch möglich? In diesem Kapitel wollen wir uns mit genau dieser Frage beschäftigen. Wir schauen uns spannende und abstrakte mathematische Ideen an und überlegen, ob sie umsetzbar wären. Also halte dich gut fest, jetzt wird's absurd.

Ein Seil um die Erde legen

Es ist ein schöner Sommerabend und wir sitzen mit unserem Freund Markus im Biergarten. Die Stimmung ist entspannt und wir blödeln herum, als Markus sagt: »Ihr seid doch gut in Mathe, oder?« Schon ahnend, dass jetzt irgendein alberner Test oder eine Fangfrage kommt, antworten wir vorsichtig: »Ja, wieso?« »Wenn man ein Seil um die Erde spannt«, sagt Markus, »dieses Seil also überall auf der Erde anliegt und man sich dann dazu entscheidet, es um einen Meter zu verlängern und es überall gleichmäßig anhebt, ist der Spalt, der dabei entsteht, dann groß genug, dass eine Maus hindurchkann?« Kein Spaß, auf solche absurden Szenarien kann nur Markus kommen. Im ersten Moment sind wir skeptisch, bei nur 1 Meter kommt uns das unrealistisch vor. Und natürlich ist es eine hypothetische Frage, die man aber dennoch mathematisch beantworten kann. *Here we go.*

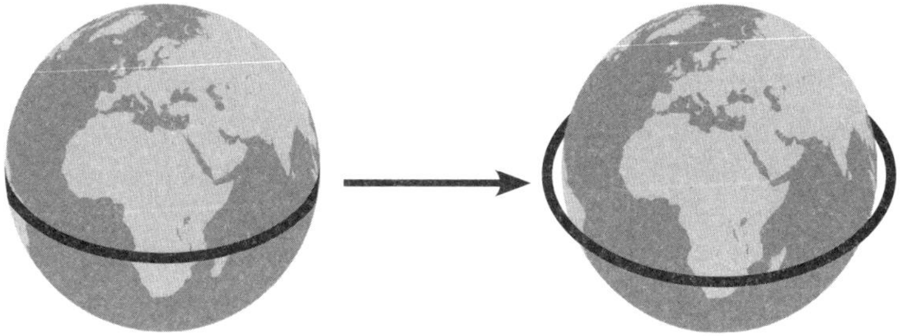

Als Erstes machen wir eine kleine Skizze, die uns den Sachverhalt verdeutlicht.

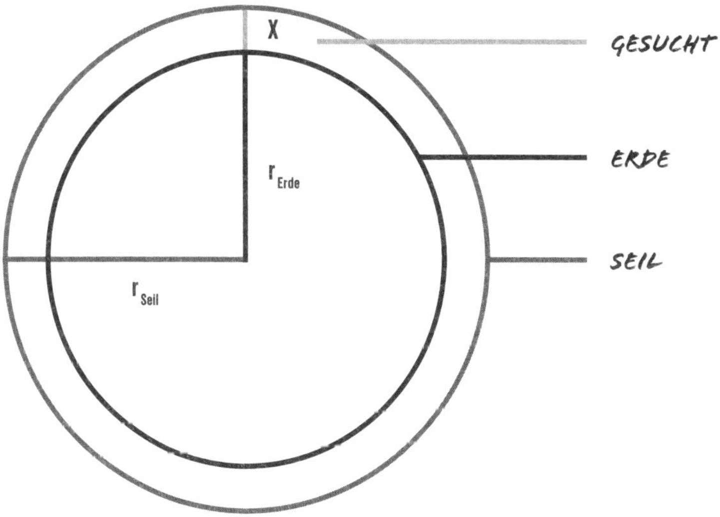

Uns interessiert in diesem Fall das **x**, also die Differenz zwischen dem Radius der Erde und dem Radius des Seils, das

1 Meter länger als der Umfang der Erde ist. Unser Plan sieht also folgendermaßen aus:

1. Den Radius der Erde berechnen
2. Den Radius des Seils berechnen
3. Die Differenz der beiden Radien bestimmen

Wir werden später noch sehen, dass du den Radius der Erde nicht unbedingt brauchst, aber für das Verständnis zu Beginn ist das sehr gut. Der Umfang berechnet sich, wie du inzwischen sicher weißt, durch folgende Formel:

$$U = 2 \cdot \pi \cdot r$$

Das **r** steht in unserer Formel für den Radius, und das **U** steht für den Umfang. Der Umfang der Erde beträgt ungefähr 40 000 Kilometer oder umgerechnet 40 000 000 Meter. Dadurch können wir nun den Radius der Erde ganz einfach berechnen:

$$U_{Erde} = 2 \cdot \pi \cdot r_{Erde}$$

$$40\,000\,000\,m = 2 \cdot \pi \cdot r_{Erde}$$

Als Nächstes müssen wir nun beide Seiten durch 2π teilen, damit unser Radius auf der einen Seite des Gleichheitszeichens allein steht.

$$40\,000\,000\,m = 2 \cdot \pi \cdot r_{Erde} \qquad |:(2 \cdot \pi)$$

$$\Leftrightarrow \frac{40\,000\,000\,m}{2 \cdot \pi} = r_{Erde}$$

$$\Leftrightarrow 6\,366\,197{,}724\text{ m} = r_{Erde}$$

Somit haben wir Punkt 1 erledigt.

Als Nächstes berechnen wir den Radius des Seils, das wir in unserem Gedankenexperiment einmal um die Erde legen. An unserer Rechnung ändert sich im Grunde nichts, außer, dass der Umfang jetzt nicht mehr 40 000 000 m, sondern 40 000 001 m beträgt. Schließlich wollen wir das Seil um 1 Meter verlängern, du erinnerst dich. Wir rechnen also Folgendes:

$$U_{Seil} = 2 \cdot \pi \cdot r_{Seil}$$

$$40\,000\,001\,m = 2 \cdot \pi \cdot r_{Seil} \qquad | : (2 \cdot \pi)$$

$$\Leftrightarrow \frac{40\,000\,001\,m}{2 \cdot \pi} = r_{Seil}$$

$$\Leftrightarrow 6\,366\,197{,}883\,m = r_{Seil}$$

Zack – schon haben wir auch Punkt 2 erledigt. Jetzt müssen wir nur noch beide Radien voneinander abziehen und schon haben wir unser gesuchtes **x**, also den Abstand zwischen Erde und Seil.

$$x = 6\,366\,197{,}883\,m - 6\,366\,197{,}724\,m = 0{,}159\,m = 15{,}9\,cm \approx 16\,cm$$

Verrückt! Hättest du das gedacht? Wir verlängern das Seil nur um 1 Meter, und trotzdem kann es dann überall einen Abstand von 16 Zentimetern zur Erdoberfläche haben. Aber es wird noch verrückter: Wir könnten diese Aufgabe auch ganz ohne Kenntnisse von Umfang und Radius der Erde berechnen. Wir wissen für den Umfang der Erde nämlich allgemein, dass Folgendes gilt:

$$U_{Erde} = 2 \cdot \pi \cdot r_{Erde}$$

Für den Umfang des Seils gilt wiederum Folgendes:

$$U_{Seil} = U_{Erde} + 1\,m$$

Den Umfang des Seils können wir theoretisch auch noch anders beschreiben:

$$U_{Seil} = 2 \cdot \pi \cdot r_{Seil}$$

Außerdem wissen wir auch noch etwas über den Radius des Seils. Dieser Radius ist so groß wie der Radius der Erde, plus einen bestimmten Wert x, den wir noch nicht kennen.

$$U_{Seil} = 2 \cdot \pi \cdot (r_{Erde} + x)$$

Die beiden verschiedenen Definitionen des Umfangs können wir nun noch einmal gleichsetzen und schauen mal, ob uns etwas auffällt:

$$U_{Seil} = U_{Seil}$$

$$U_{Erde} + 1\,m = 2 \cdot \pi \cdot (r_{Erde} + x)$$

Noch erscheint die Gleichung etwas abstrakt, aber nun tragen wir die konkrete Formel für den Umfang der Erde ein:

$$2 \cdot \pi \cdot r_{Erde} + 1\,m = 2 \cdot \pi \cdot (r_{Erde} + x)$$

Als Nächstes multiplizieren wir rechts die Klammer aus:

$$2 \cdot \pi \cdot r_{Erde} + 1\,m = 2 \cdot \pi \cdot r_{Erde} + 2 \cdot \pi \cdot x$$

Jetzt können wir schon etwas mehr erkennen: Auf beiden Seiten des Gleichheitszeichens steht $2 \cdot \pi \cdot r_{Erde}$. Somit können wir das aus unserer Gleichung entfernen. Übrig bleibt nun:

$$1\,m = 2 \cdot \pi \cdot x$$

Wenn wir jetzt noch auf beiden Seiten durch 2π teilen, bekommen wir unseren Wert für x heraus:

$$1\,m = 2 \cdot \pi \cdot x \quad | : (2 \cdot \pi)$$

$$\Leftrightarrow \frac{1\,m}{2 \cdot \pi} = x$$

$$\Leftrightarrow 0{,}16\,m \approx x$$

Tatsächlich, wir bekommen dasselbe Ergebnis heraus, obwohl wir weder den Umfang der Erde noch den Radius verwendet haben. Das bedeutet, dass der Umfang und der Radius nicht entscheidend sind. Wenn wir beispielsweise eine Kugel mit dem Radius von 1 cm haben und ein Seil um diese Kugel legen und dieses Seil dann um 1 Meter verlängern, hat das Seil überall einen Abstand von 16 cm zur Kugel. Das gilt wirklich für jede Größe einer Kugel. Faszinierend, oder?

Nun ja, jetzt zurück zum unangenehmen Teil. Wir sitzen also mit Markus in diesem Biergarten und haben ganz selbstbewusst gesagt, dass eine Maus nicht unter diesem Seil durchlaufen kann. 16 cm Abstand sind dann aber doch eine große Lücke, selbst für große Mäuse, und wir müssen zugeben, dass wir uns geirrt haben. Obwohl wir uns für solide Mathematiker halten, haben wir in diesem Moment gemerkt, dass man für bestimmte mathematische Phänomene kein intuitives Gefühl hat. Umso schöner ist dann aber der Überraschungseffekt, wenn man nach der Rechnung das richtige Ergebnis erhält!

Ist die Erde so glatt wie ein Golfball?

Angenommen, es gäbe ein paralleles Universum, in dem unsere Erde noch einmal existiert. Die Menschen, die dort leben, sind genauso wie wir, mit zwei Ausnahmen. Erstens: Sie wissen bereits, dass es mehrere Universen gibt, und können diese bequem bereisen. Zweitens: Sie besitzen die Fähigkeit, die Größe von Gegenständen zu verändern.

Genau in diesem Universum gibt es einen begnadeten Golfer namens Peter. Peter trainiert Tag und Nacht, um der beste Golfer der Welt zu werden. Eines Tages hat er einen besonders guten Lauf, als plötzlich ein Habicht im Sturzflug auf ihn zukommt. Peter ist verängstigt und weiß nicht, wie ihm geschieht. Schnell schlägt er beide Hände über dem Kopf zusammen und duckt sich. Als er nach kurzer Zeit seine Augen wieder öffnet, ist der Vogel und leider auch sein Golfball verschwunden. Peter ist niedergeschlagen, schließlich stand er kurz davor, die beste Runde seines Lebens zu beenden. Leider ist weit und breit kein anderer Golfball in Sicht. Was nun? Peter überlegt. Er weiß, dass sein Sohn Holger gerade durchs Universum reist, um sich die andere Erde anzuschauen. Schnell ruft Peter ihn an und schildert ihm die Situation. Sein Sohn, der gleichzeitig ein hervorragender Mathematiker ist, kommt auf eine Idee: »Papa, ich fliege gerade an der Erde vorbei. Wenn du möchtest, schrumpfe ich sie auf die Größe eines Golfballs und bringe sie dir vorbei.« Peter lacht nur und sagt: »Mit all den Bergen und Meeren ist die Erde doch viel zu uneben, wie soll das gehen?« Holger lacht noch lauter als Peter und entgegnet: »Papa, lass das Rechnen mal mein Problem sein. Wenn wir die Erde auf die Größe eines Golfballs schrumpfen, dann wird sie sogar glatter als ein Golfball sein. Hat Holger recht mit seiner Behauptung? Schauen wir uns das an.

Die Erde hat einen Durchmesser von 12 742 km, das sind 12 742 000 m. Ein Golfball hat einen Durchmesser von 42,67 mm, also 0,04267 m. Mithilfe dieser beiden Durchmesser können wir jetzt den Verkleinerungsfaktor der Erde bestimmen. Wir überlegen uns also, mit welchem Faktor (also mit welcher Zahl) wir den Durchmesser der Erde multiplizieren müssen, um den Durchmesser des Golfballs zu erhalten. Den Faktor können wir dann nutzen, um zu schauen, wie groß der geschrumpfte Mount Everest ist oder wie tief der Marianengraben noch ist. Wir rechnen also:

$$\textit{Durchmesser Erde} \cdot \textit{Verkleinerungsfaktor } x = \textit{Durchmesser Golfball}$$

$$12\,742\,000\,m \cdot x = 0{,}04267\,m \qquad | : 12\,742\,000\,m$$

$$\Leftrightarrow x = \frac{0{,}04267\,m}{12\,742\,000\,m} \approx 0{,}00000000335$$

Damit haben wir unseren Verkleinerungsfaktor von 0,00000000335 gefunden. Mit diesem Faktor können wir jetzt beispielsweise die neue Höhe des Mount Everest berechnen. Der Mount Everest hat eine Höhe von 8849 m. Die Höhe des geschrumpften Mount Everest berechnen wir nun folgendermaßen:

$$8849\ \text{m} \cdot 0{,}00000000335 \approx 0{,}0000296\ \text{m} = 0{,}00296\ \text{cm} = 0{,}0296\ \text{mm} = 29{,}6\ \mu\text{m}$$

Somit hat unser geschrumpfter Mount Everest eine Höhe von 29,6 Mikrometern, sehr wenig für den höchsten Berg der Erde, oder? Im Vergleich dazu schauen wir uns die kleinen Kerben, die sogenannten Dimples, in einem Golfball an. Diese Dimples sind im Schnitt 250 µm tief, also mehr als 8-mal so tief, wie der geschrumpfte Mount Everest hoch ist. Tatsächlich ist der Mount Everest aber nicht die größte Unebenheit unserer Erde, denn es geht auch tief hinunter. Die tiefste Stelle im Meer ist der Marianengraben mit einer Tiefe von 11 022 m. Auch diese Tiefe müssen wir jetzt auf die Größe unseres Golfballs anpassen. Wir rechnen also:

$$11\,022\ \text{m} \cdot 0{,}00000000335 \approx 0{,}0000369\ \text{m} = 0{,}00369\ \text{cm} = 0{,}0369\ \text{mm} = 36{,}9\ \mu\text{m}$$

Damit ist ein Dimple auf einem Golfball fast 7-mal tiefer als der geschrumpfte Marianengraben.

Okay, nach dieser Rechnung hat auch Peter erkannt, dass sein Sohn recht hat. Also lässt er die Erde schrumpfen und befördert sie als Golfball mit einem Schlag ins Loch – Peter hat so die beste jemals gespielte Golfpartie absolviert. An diesen Schlag wird sich die ganze Welt für immer erinnern.

Um seinen Sieg zu feiern, lädt Peter seinen Sohn und dessen besten Freund zu einer Bootstour ein. Sie sitzen gemeinsam auf dem Boot und denken an die wunderbare Rechnung zurück. Plötzlich kommt Peter eine Idee: »Wenn wir alle Planeten mit dem Verkleinerungsfaktor der Erde schrumpfen, dann bekommen wir ja ein super Gefühl für die Dimensionen der

Planeten. Sollen wir das mal theoretisch ausprobieren?« Die anderen beiden sind sofort begeistert. Sie starten direkt mit dem Mond. Der Mond hat einen Durchmesser von 3474,8 km. Diesen Durchmesser müssen sie jetzt mit dem Verkleinerungsfaktor multiplizieren:

$$3474{,}8 \text{ km} \cdot 0{,}00000000335 \approx 0{,}0000116 \text{ km} = 0{,}0116 \text{ m} = 1{,}16 \text{ cm}$$

Der Mond ist dann ungefähr so groß wie eine große Heidelbeere, wenn die Erde so groß wie ein Golfball ist. Wie sieht es bei der Sonne aus? Die Sonne hat einen Durchmesser von 1 392 700 km. Wir rechnen also:

$$1\,392\,700 \text{ km} \cdot 0{,}00000000335 \approx 0{,}00464 \text{ km} = 4{,}64 \text{ m}$$

Somit hat die geschrumpfte Sonne einen Durchmesser von 4,64 m. Also deutlich größer als Erde und Mond. Tatsächlich gibt einem das ein ganz gutes Gefühl für die Größenordnungen. Peter und die anderen beiden lassen daraufhin den Abend ganz entspannt ausklingen.

Achilles und die Schildkröte

Im alten Griechenland gab es viele sportliche Wettkämpfe, auch außerhalb der Olympischen Spiele. So fand zum Beispiel jedes Jahr ein großes Laufturnier statt. Dieses Turnier wurde im K.-o.-System ausgetragen. Jeder Läufer trat immer nur gegen einen weiteren Läufer an, und der Gewinner kam eine Runde weiter.

In einem Jahr kam es in der ersten Runde zu folgender Begegnung: Der langsamste Läufer, die Schildkröte, musste gegen den großen Favoriten namens Achilles antreten. Deshalb überlegte sich die Schildkröte eine Möglichkeit, wie sie Achilles verunsichern konnte, und verwickelte ihn in ein Gespräch: »Achilles, du bist doch viel schneller als ich. Damit es auch für dich spannend wird, gibst du mir doch bestimmt ein paar Meter Vorsprung, oder? Bei deinen Fähigkeiten hast du mich im Handumdrehen eingeholt.« Achilles überlegte nicht lange und stimmte zu. Schließlich war er von seinen Fähigkeiten absolut überzeugt. Also gaben sich beide die Hand, und der Deal war besiegelt.

Plötzlich brach die Schildkröte in lautes Gelächter aus. Alle Beteiligten, inklusive Achilles, schauten verwundert und fragten die Schildkröte, was los sei. Diese entgegnete: »Mit dem Handschlag steht nun offiziell deine Niederlage fest!« Mit dieser Aussage der Schildkröte konnte keiner etwas anfangen, also erklärte sie: »Wenn du mir beispielsweise 10 Meter Vorsprung gibst, wirst du mich nie überholen können. Der Abstand zwischen uns wird nur immer geringer.« Achilles schaute fragend und verstand nicht, worauf die Schildkröte hinauswollte. Sie fuhr fort: »Wenn der Startschuss ertönt, rennen wir beide los – du natürlich viel schneller als ich. Zu dem Zeitpunkt, an dem du meinen Startpunkt erreichst, bin ich bereits wieder ein kleines Stück gelaufen. Wenn du dann von diesem Punkt aus zu dem Ort gelangst, an dem ich vorher stand, bin ich in der Zwischenzeit wiederum ein kleines Stück vorwärtsgelaufen. So wird der Abstand zwischen uns immer kleiner, aber du wirst mich nie erreichen.«

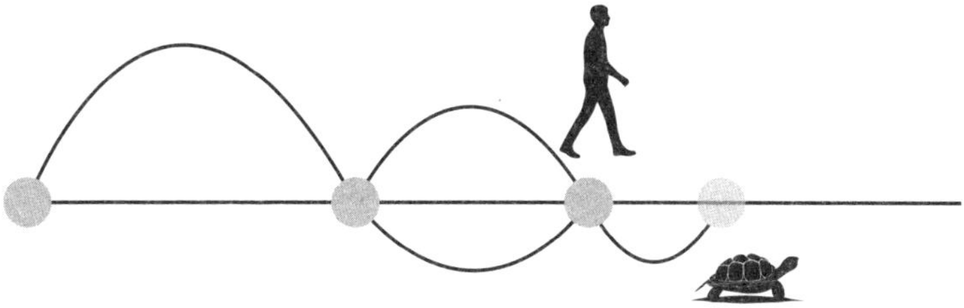

Achilles ist geschockt und weiß nicht, was er denken soll. Immer dann, wenn er die ursprüngliche Position der Schildkröte erreicht hat, ist diese bereits wieder ein Stück weitergelaufen. So scheint es, als könne er die Schildkröte nie erreichen. Oder etwa doch?

Glaubst du, dass die Schildkröte mit dieser Theorie recht hat, oder bist du genauso verwirrt wie Achilles?

Wir können dich beruhigen: Die Schildkröte hat unrecht. Aber warum? Die Schildkröte geht davon aus, dass die Schritte von Achilles unendlich klein werden können. Wenn sie beispielsweise nur noch einen Vorsprung von 1 cm hat, würde in der Theorie Achilles auf 0,1 cm heranrücken. In der Realität ist es jedoch so, dass er die Schildkröte einfach mit einem großen Schritt hinter sich lassen kann.

Es ist trotzdem beeindruckend zu sehen, wie man durch mathematische Phänomene getäuscht und verwirrt werden kann. Also überlege immer zweimal, bevor du einen Deal mit einer Schildkröte eingehst.

Unendlich spannend

Einer der spannendsten Themenbereiche in der Mathematik ist die Unendlichkeit. Mithilfe der Unendlichkeit können wir schöne Gedankenexperimente und Theorien aufstellen.Die bekanntesten dieser Phänomene wollen wir uns in diesem-Kapitel anschauen.

1=2?

Jetzt wird es aufregend, wir können mithilfe einer unendlichen Reihe zeigen, dass 1 = 2 ist. Damit stellen wir unser bisheriges Wissen über die Mathematik auf den Kopf. Wie machen wir das? Schauen wir uns mal folgende Rechnung an:

$$1 - \frac{1}{2} + \frac{1}{3} - \frac{1}{4} + \frac{1}{5} - \frac{1}{6} + \frac{1}{7} - \frac{1}{8} + \frac{1}{9} - \frac{1}{10} + \frac{1}{11} - \frac{1}{12} + \ldots$$

Die drei Punkte am Ende der Rechnung bedeuten, dass sie unendlich lange nach demselben Muster weitergeht. Also immer im Wechsel Plus und Minus, und der Nenner wird immer jeweils um eine Einheit größer. Das »Ergebnis« dieser Rechnung nähert sich dem Logarithmus von 2 (das ist einfach eine Zahl) immer weiter an. Man könnte also schreiben

$$1 - \frac{1}{2} + \frac{1}{3} - \frac{1}{4} + \frac{1}{5} - \frac{1}{6} + \frac{1}{7} - \frac{1}{8} + \frac{1}{9} - \frac{1}{10} + \frac{1}{11} - \frac{1}{12} + \ldots = \ln(2)$$

Dann sortieren wir die Zahlen mit ihren dazugehörigen Rechenzeichen einfach kurz um. Bei einer endlichen Rechnung würde sich das Ergebnis dadurch nicht verändern.

$$\left(1-\frac{1}{2}\right)-\frac{1}{4}\left(+\frac{1}{3}-\frac{1}{6}\right)-\frac{1}{8}\left(+\frac{1}{5}-\frac{1}{10}\right)-\frac{1}{12}+\ldots=$$

Wir haben also die Rechnung nur umgestellt und führen diese Variante nun wieder unendlich lange fort. Als Nächstes rechnen wir die Werte innerhalb der Klammern aus.

$$\frac{1}{2}-\frac{1}{4}+\frac{1}{6}-\frac{1}{8}+\frac{1}{10}-\frac{1}{12}+\ldots=$$

Was passiert nun? Wir vergleichen unsere neue umgestellte Reihe einmal mit der ursprünglichen Reihe:

$$1-\frac{1}{2}+\frac{1}{3}-\frac{1}{4}+\frac{1}{5}-\frac{1}{6}+\ldots=\ln(2)$$

$$\frac{1}{2}-\frac{1}{4}+\frac{1}{6}-\frac{1}{8}+\frac{1}{10}-\frac{1}{12}+\ldots=$$

Fällt dir etwas auf? Wenn du die ersten Einträge der Reihen vergleichst, erkennst du, dass diejenigen der zweiten Reihe immer genau die Hälfte derjenigen der ersten Reihe sind. Dieses Mal erhalten wir also nur die Hälfte des Logarithmus von 2, also ein völlig anderes Ergebnis, obwohl wir nur die Reihenfolge verändert haben.

$$\frac{1}{2}-\frac{1}{4}+\frac{1}{6}-\frac{1}{8}+\frac{1}{10}-\frac{1}{12}+\ldots=\frac{1}{2}\ln(2)$$

Da wir keine unzulässigen Rechenoperationen, sondern nur Sachen gemacht haben, die wir dürfen, müsste Folgendes gelten:

$$1-\frac{1}{2}+\frac{1}{3}-\frac{1}{4}+\frac{1}{5}-\frac{1}{6}+\frac{1}{7}-\frac{1}{8}+\frac{1}{9}-\frac{1}{10}+\frac{1}{11}-\frac{1}{12}+\ldots=\frac{1}{2}-\frac{1}{4}+\frac{1}{6}-\frac{1}{8}+\frac{1}{10}-\frac{1}{12}+\ldots$$

Und somit gilt auch nichts anderes als:

$$\ln(2)=\frac{1}{2}\ln(2)$$

Wenn wir jetzt beide Seiten mit 2 multiplizieren und anschließend durch ln(2) teilen, können wir etwas Besonderes beobachten:

$$\ln(2)=\frac{1}{2}\ln(2) \qquad |\cdot 2$$
$$\Leftrightarrow 2\cdot\ln(2)=\ln(2) \qquad |:\ln(2)$$
$$\Leftrightarrow 2=1$$

Wir erhalten also 2 = 1 und das Ganze nur durch zulässige Rechnungen, wir haben beispielsweise nicht durch 0 geteilt. Führt also die Unendlichkeit dazu, dass unsere Regeln der Mathematik nicht mehr funktionieren?

Ja und Nein! Sie funktionieren weiterhin, wir dürfen sie nur nicht unüberprüft in der Unendlichkeit anwenden. Das Vertauschen von Elementen innerhalb einer Rechnung geht beispielsweise nur, wenn wir in der Endlichkeit sind. Genau das hat Bernhard Riemann in seinem Riemannschen Umordnungssatz entdeckt. Er hat die Theorie sogar so stark ausgeweitet, dass durch Umordnung einer Reihe jeder beliebige Wert erzielt werden kann. Also nicht nur ln (2) und $\frac{1}{2}\ln(2)$, sondern auch 1, 2 oder 3. Deshalb immer vorsichtig sein, wenn du mal wieder in Berührung mit der Unendlichkeit kommst.

Der unendliche Strand, der nicht unendlich lang ist

Die Urlaubszeit wird eingeläutet, die Sonne scheint und für dich geht es in den Sommerurlaub. Blaues Wasser, warme Temperaturen und ein unendlich langer Strand. Aber Moment, was soll das eigentlich bedeuten: »ein unendlich langer Strand«? Wir haben uns das so vorgestellt: Wir schauen von oben auf einen Strand und dieser wird immer schmaler, geht aber unendlich lange weiter und wird somit auch unendlich schmal.

Hier siehst du diesen Strand einmal aus der Vogelperspektive und wir stellen uns nun folgende Frage: Ist der Flächeninhalt, den dieser Strand erzeugt, auch unendlich groß, wenn der Strand unendlich lang ist? Na, was meinst du? Wie immer nutzen wir hier zur Beantwortung der Frage die Mathematik.

Wir betrachten die Oberseite des Strandes mit der Funktion $f(x) = \frac{1}{x^2}$, diese Funktion spiegelt den Verlauf des Strandes gut wider, und der Strand startet auf der x-Achse bei 1 und geht bis unendlich.

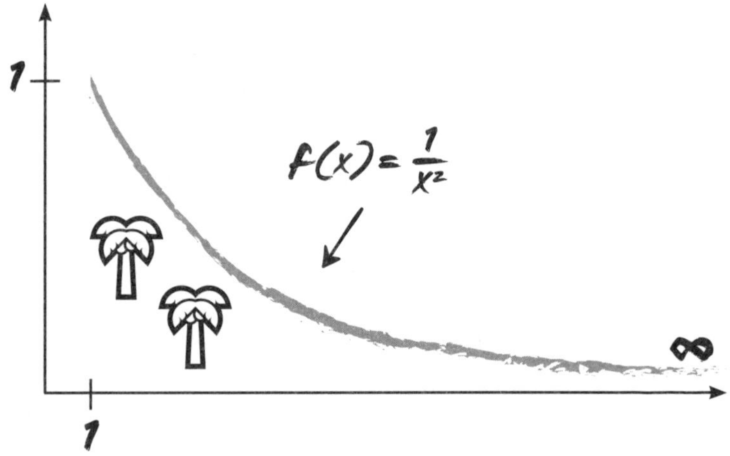

In der Mathematik gibt es eine coole Möglichkeit, nun den Flächeninhalt dieses Strandes zu berechnen. Und zwar machen wir das mit dem Integral. Warum das funktioniert und wie wir das genau gerechnet haben, kannst du dir gerne unter »Weiterführende Erklärungen« anschauen. Hier haben wir dir einmal eine Kurzfassung der Rechnung abgebildet. Wir berechnen dabei mit dem Integral, also mit dem langen S, den Flächeninhalt des Strandes:

$$\int_1^\infty \frac{1}{x^2}\,dx = \lim_{a \to \infty} \int_1^a \frac{1}{x^2}\,dx = 1$$

Was können wir nun beobachten? Bei der Rechnung kommt heraus, dass der Flächeninhalt sich einem Wert von 1 annähert und nicht unendlich groß wird. Ein unendlich langer Strand ist also nicht zwangsläufig auch immer unendlich groß. Du kannst dir das wie die Rechnung 0,9 + 0,09 + 0,009 + ... vorstellen. Ähnlich wie bei unserem Strand kommt zwar immer etwas dazu. Trotzdem wird das Ergebnis aber nie größer als 1 sein. Na, lagst du richtig mit deiner Vermutung?

Der Affe und die Schreibmaschine

Ein weiteres spannendes Phänomen ist das Gedankenexperiment mit dem Affen und der Schreibmaschine. Dabei geht es darum, dass ein Affe unendlich lange auf einer Schreibmaschine tippt und dann jegliche Kombinationen an Sätzen und Wörtern geschrieben hat. Wir können uns beispielsweise die Frage stellen, wie lange der Affe benötigt, um die Wörter »ich liebe dich« zu schreiben. Wir gehen bei der Schreibmaschine von 44 verschiedenen Tasten aus. Bei »ich liebe dich« muss der Affe 12 Buchstaben und 2 Leerzeichen in der richtigen Reihenfolge treffen. Bei jedem Anschlag liegt die Wahrscheinlichkeit, den richtigen Buchstaben oder die Leertaste zu treffen, bei $\frac{1}{44}$. Wir rechnen also:

$$\left(\frac{1}{44}\right)^{14} = \frac{1}{1{,}02 \cdot 10^{23}}$$

Das entspricht einer Wahrscheinlichkeit von 1 zu 102 Trilliarden. Wenn wir nun davon ausgehen, dass der Affe pro Sekunde eine Taste trifft, dann schreibt er »ich liebe dich« durchschnittlich nur alle 11,6 Milliarden Tage. Das ist wirklich super selten. Wenn wir aber davon ausgehen, dass er unendlich lange tippt, dann wird er diese Kombination auch unendlich oft schreiben. Er wird sogar alle Bände von Harry Potter in der richtigen Reihenfolge schreiben. Das wird zwar noch seltener vorkommen, aber es wird passieren. Einfach ein Genie, dieser Affe!

Kannst du dich aus dem Escape Room kombinieren?

Hast du dich schon einmal gefragt, warum Passwörter immer bestimmte Kriterien wie »mindestens ein Großbuchstabe« erfüllen müssen? Oder wüsstest du auf Anhieb, wie viele Autohalter eine Stadt haben darf, damit es genügend Kennzeichen für alle gibt? Genau solche Fragen kann man mithilfe der Kombinatorik beantworten. Und weil die Rechnungen dahinter recht einfach zu verstehen und anzuwenden sind, gibt es jetzt jede Menge anschauliche Beispiele dazu, die supernützlich im Alltag sind.

Wie lautet das Passwort?

Marita und Anke treffen sich jeden Monat, um einen neuen Escape Room auszuprobieren. Heute steht der »Kombinatorische Raum« auf dem Plan. Gut kombinieren muss man zwar immer in Escape Rooms, gemeint ist hier aber eine ganz besondere Art des Kombinierens.

Im ersten Raum erwartet die beiden ein Tisch, auf dem ein Taschenrechner und ein Laptop zu sehen sind. Der Laptop ist eingeschaltet und in der Mitte des Bildschirms befindet sich ein kleines Passwortfeld. Wie es wohl jeder von uns gemacht hätte, probieren Anke und Marita direkt ein Passwort aus. Doch es erscheint eine Fehlermeldung auf dem Display:

Leider entspricht das Passwort nicht den Anforderungen und kann viel zu leicht von Hackern geknackt werden. Bitte versucht es erneut.

Das Passwort muss
- genau 8 Zeichen lang sein
- mindestens einen Großbuchstaben enthalten (es gibt 26 verschiedene)
- mindestens einen Kleinbuchstaben enthalten (es gibt 26 verschiedene)
- mindestens eine Zahl enthalten (es gibt 10 verschiedene)
- mindestens ein Sonderzeichen enthalten (es gibt 32 verschiedene)

Die **Möglichkeiten an Passwörtern** sind so vielfältig, dass man sie kaum zählen kann, sonst wäre man schon im nächsten Raum.

Die Anweisungen für das Passwort sind klar, aber egal welches Passwort Marita und Anke auch eingeben, es wird dieselbe Fehlermeldung gezeigt. Selbst dann, wenn das Passwort alle Anforderungen erfüllt. Hast du vielleicht eine Idee, was hier gemacht werden muss? Vielleicht sind die fett gedruckten Wörter ja ein Hinweis.

Richtig, hier müssen die beiden die Anzahl möglicher Passwörter berechnen, die den Anforderungen entsprechen. Das ist aber leichter gesagt als getan. Für ein Passwort mit 8 Stellen, unter denen Klein- und Großbuchstaben, Zahlen und Zeichen sind, gibt es nämlich viel zu viele Möglichkeiten, um sie einfach abzuzählen. Es existiert allerdings eine mathematische Methode, die das Ganze deutlich vereinfacht. Und unter dem Laptop wurde ein kleiner Zettel versteckt, der Anke und Marita dabei hilft.

Formel: Ziehen mit Zurücklegen mit Reihenfolge

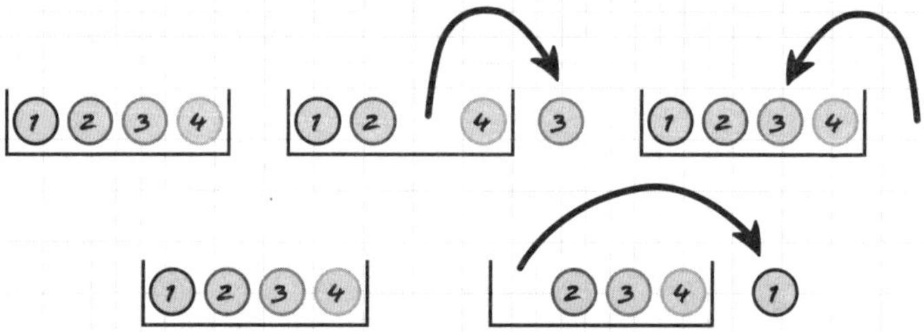

Die Formel, die man benötigt, bezieht sich auf das sogenannte Ziehen **mit Zurücklegen mit Reihenfolge**. Verdeutlichen kann man das sehr schön an einer Box, in der sich 4 nummerierte Kugeln (1, 2, 3, 4) befinden. Wir ziehen <u>zweimal</u> nacheinander eine beliebige Kugel aus der Box und notieren die gezogenen Zahlen **der Reihe nach**. Es macht also einen Unterschied, ob man zuerst die 3 und dann die 1 zieht oder erst die 1 und dann die 3. Haben wir eine Kugel gezogen, legen wir sie **direkt wieder zurück** in die Box.

Frage:
Wie viele unterschiedliche Kugelkombinationen kann man aus der Box ziehen?

Antwort:
Wie viele Kugeln haben wir in der ersten Runde zur Auswahl? Genau 4. Und wie viele sind es in der zweiten Runde? Ebenfalls 4, weil wir die Kugel ja nach dem Ziehen direkt wieder zurücklegen. Nun kannst du einfach die Möglichkeiten der einzelnen Runden miteinander multiplizieren, schon hast du das Ergebnis.

Im Beispiel: $4 \cdot 4 = 16$
Zur Probe können wir die 16 Kombinationen aufschreiben, in denen man die zwei Kugeln ziehen kann: 11, 12, 13, 14, 21, 22, 23, 24, 31, 32, 33, 34, 41, 42, 43, 44.

Ein anderes Beispiel:
Für ein 4-stelliges Zahlenschloss gibt es $10 \cdot 10 \cdot 10 \cdot 10 =$ 10 000 Möglichkeiten. An der ersten Stelle können die Ziffern 0–9 stehen, das macht also 10 mögliche Ziffern. An der zweiten sind es entsprechend ebenfalls 10 Ziffern. Genauso an der dritten und vierten Stelle. Wieder kannst du die einzelnen Möglichkeiten multiplizieren – schon hast du das Ergebnis.

Anke und Marita können die Anzahl der möglichen Passwörter also mit einer ganz simplen Rechnung herausfinden. Zu Erinnerung: Das Passwort muss

- genau 8 Zeichen lang sein,
- mindestens einen Großbuchstaben enthalten (es gibt 26 verschiedene),
- mindestens einen Kleinbuchstaben enthalten (es gibt 26 verschiedene),
- mindestens eine Zahl enthalten (es gibt 10 verschiedene),

- mindestens ein Sonderzeichen enthalten (es gibt 32 verschiedene).

Wir haben also pro Stelle im Passwort 26 Kleinbuchstaben, 26 Großbuchstaben, 10 Zahlen und 32 Sonderzeichen zur Verfügung. Das macht zusammen 94 mögliche Zeichen für jedes einzelne Feld des Passwortes. Ähnlich wie es beim Zahlenschloss 10 Möglichkeiten pro Feld gibt. Und da das Passwort genau 8 Stellen haben soll, müssen die beiden einfach nur $94 \cdot 94 \cdot 94 \cdot 94 \cdot 94 \cdot 94 \cdot 94 \cdot 94 = 94^8$ rechnen. Das macht ein Ergebnis von unglaublichen **6 095 689 385 410 816** möglichen Passwortkombinationen. Und kaum geben die beiden diese Zahl in den Laptop ein, öffnet sich auch schon die Tür zum nächsten Raum.

Wir haben gerade den Grund herausgefunden, warum Passwörter im Internet immer bestimmte Anforderungen erfüllen müssen. So macht man Hackern das Leben schwer. Würde man nur 8 Ziffern und keine Buchstaben oder Sonderzeichen für sein Passwort benutzen, gäbe es »nur« $10^8 = 100\,000\,000$ mögliche Passwörter. Das klingt zwar viel, ist aber für einen Hacker binnen Sekunden zu entschlüsseln. Je mehr Stellen das Passwort hat und je mehr Variationen, also kleine und große Buchstaben sowie Zahlen und Sonderzeichen eingebracht werden, desto schwieriger ist es für einen Hacker herauszufinden. Denn er muss unglaublich viele unterschiedliche Kombinationen prüfen.

Das Kennzeichen-Problem

Stolz und immer noch etwas überrascht von der großen Zahl an Möglichkeiten, gehen Marita und Anke in den nächsten Raum. Dort steht ein quietschgrüner alter Trabi. Eine Stimme ertönt: »Hallo, hier spricht der Bürgermeister von Berlin und ich brauche eure Hilfe. Ich habe Angst, dass wir nicht genug Autokennzeichen für alle Bürger haben, wenn die Einwohnerzahlen Berlins weiterhin wachsen. Könnt ihr mir weiterhelfen und eine Einschätzung geben, wie viele Autohalter wir höchstens in Berlin haben dürfen? Spezielle Kennzeichen für Elektroautos und Oldtimer könnt ihr vernachlässigen.« Sofort fällt den beiden das Kennzeichen des Autos ins Auge.

»Das müsste man doch genauso berechnen können wie die Passwortkombinationen eben, oder? Nur, dass es hier keine Passwort-, sondern Kennzeichenkombinationen sind«, bringt Anke ein. Marita nickt mit dem Kopf und schnell stellen die beiden folgende Theorie auf:

An den ersten beiden Stellen können nur Buchstaben stehen. Das bedeutet, dass es dafür jeweils 26 Möglichkeiten gibt. An den hinteren Stellen können die Zahlen von 1 bis 9999 stehen. Das ergibt zusammen $26 \cdot 26 \cdot 9999 = 6\,759\,324$ Möglichkeiten. Als die beiden diese Zahl aber am Gerät neben der Tür eingeben, öffnet sie sich nicht. Stattdessen ertönt die Stimme des Berliner Bürgermeisters erneut und sagt: »Das ist leider falsch.« Haben sich die beiden etwa verrechnet?

Nein, die Rechnung ist goldrichtig. Sie haben nur vergessen, dass es auch Kennzeichen dieser Form gibt:

Zu den 6 759 324 Möglichkeiten kommen also noch 26 · 9999 = 259 974 hinzu, was zusammen 6 759 324 + 259 974 = 7 019 298 Möglichkeiten sind. Und als die beiden die Zahl in das Gerät neben der Tür eingeben, öffnet sie sich sofort.

In der Realität gibt es zwar ein paar Kennzeichenkombinationen, die nicht erlaubt sind, aber weil die Anzahl dieser Kennzeichen recht klein ist, haben wir sie hier vernachlässigt. Der Berliner Bürgermeister kann also in jedem Fall beruhigt sein, dass es noch genügend Kennzeichen für die Autohalter Berlins gibt.

Bücherchaos

Im nächsten Raum wartet ein großes Bücherregal auf Anke und Marita. Allerdings ist es nicht befüllt, vielmehr liegen 6 Bücher wild verstreut vor dem Regal. Am Regal hängt ein Zettel mit der Aufschrift: »Das ist das Regal des Escape-Room-Besitzers. Sein Bücherregal ist sein Heiligtum und er hat immer eine ganz genaue Reihenfolge, in der er die Bücher im Regal anordnet. Findet die Reihenfolge und die Tür wird sich öffnen. Alternativ kann die Tür durch die Zahl möglicher Kombinationen geöffnet werden, mit denen man die 6 Bücher im Regal aufstellen kann. Aber beeilt euch, der Chef wird in wenigen Minuten hier sein.«

Sollten die beiden lieber versuchen, die richtige Reihenfolge der Bücher zu finden, oder die Anzahl möglicher Kombinationen? Rechnen wir es gemeinsam aus! Netterweise hat uns der Escape Room auch hierfür eine Anleitung zur Verfügung gestellt.

Formel: Ziehen ohne Zurücklegen mit Reihenfolge

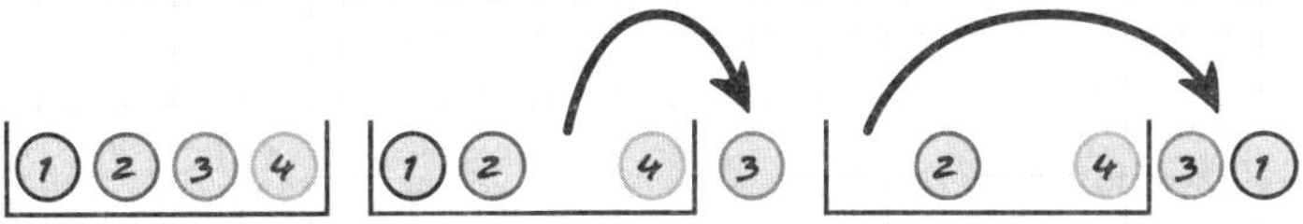

Die Formel bezieht sich auf das sogenannte Ziehen **ohne Zurücklegen mit Reihenfolge**. Verdeutlichen kann man es wieder mithilfe einer Box, in der sich vier nummerierte Kugeln (1, 2, 3, 4) befinden. Davon werden in der ersten Runde zwei beliebige nacheinander gezogen. Haben wir eine der Kugeln gezogen, legen wir diese Kugel **nicht** zurück in die Box. Deshalb reden wir vom Ziehen **ohne Zurücklegen**. In der zweiten Runde bleiben noch drei Kugeln zum Ziehen.

Bei diesem Zählprinzip multiplizieren wir nun wieder die Möglichkeiten, die wir pro Runde haben, und erhalten so die Anzahl der Möglichkeiten, die es insgesamt gibt.

Im Beispiel: $4 \cdot 3 = 12$
Zur Probe können wir die 12 Kombinationen aufschreiben, in denen man die zwei Kugeln ziehen kann: 12, 13, 14, 21, 23, 24, 31, 32, 34, 41, 42, 43.

Die Ergänzung »mit Reihenfolge« sagt erneut aus, dass wir die Reihenfolge der Kugeln beachten müssen. Es macht also für uns einen Unterschied, ob wir die Kugeln in der Reihenfolge 31 oder 13 ziehen. Würden wir nicht auf die Reihenfolge achten, würden wir keine Unterscheidung zwischen den Fällen 31 und 13 machen, da es uns nur darauf ankäme, dass in beiden Fällen die Zahlen 1 und 3 vorkommen.

<u>Anderes Beispiel:</u>
Wie viele Möglichkeiten gibt es, 3 Autos auf 5 Parkplätze zu verteilen?

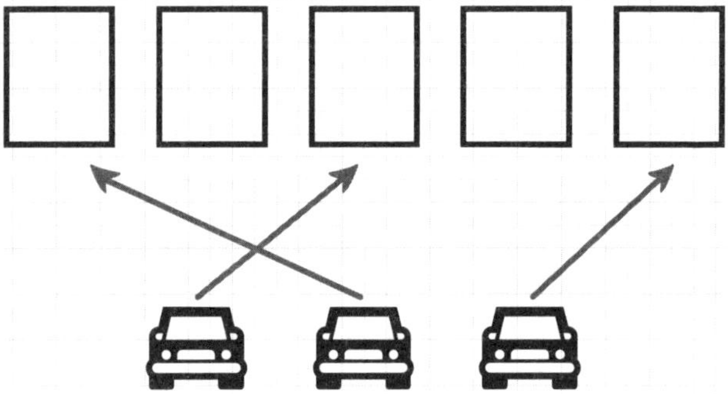

Für das erste Auto gibt es 5 Möglichkeiten. Für das zweite bleiben dann noch 4 und für das dritte noch 3. Es gibt also $5 \cdot 4 \cdot 3 = 60$ Möglichkeiten 3 Autos auf 5 Parkplätze zu verteilen.

Zurück zum Bücherregal. Für die Reihenfolge der 6 Bücher gibt es also $6 \cdot 5 \cdot 4 \cdot 3 \cdot 2 \cdot 1 = 720$ Möglichkeiten. Für das erste Buch, das ins Regal einsortiert wird, gibt es 6 Möglichkeiten. Für das zweite noch 5. Für das dritte nur noch 4 und so weiter.

Auch Marita und Anke rechnen es lieber aus, als die eine richtige Reihenfolge der Bücher zufällig zu finden, und gelangen so in den letzten Raum. In diesem Raum gibt es zwei Türen. Auf einer findet sich die Aufschrift »ja«, auf der anderen die Aufschrift »nein«. Beide Türen führen nach draußen. Hinter einer der beiden Türen liegt allerdings ein kleiner Eisgutschein als Belohnung für die erfolgreiche Teilnahme. Wer durch die richtige Tür geht, darf ihn behalten. Die Aufgabe lautet folgendermaßen: »Es geht um eine Musikplaylist, die im Shuffle-Modus (zufällige Reihenfolge der Lieder) abgespielt wird. In der Playlist sind 10 Lieder. Ist es möglich, alle Kombinationen, in der die 10 Lieder abgespielt werden könnten, an einem Tag zu hören, wenn man eine Kombination pro Sekunde hören könnte?« Weil die beiden sicher gewinnen wollen, teilen sie sich einfach auf. Marita geht durch die »ja«-Tür und Anke durch die »nein«-Tür. Wer von beiden wohl den Gutschein hinter der Tür finden wird …?

Lösung: Es gibt 10 · 9 · 8 · 7 · 6 · 5 · 4 · 3 · 2 · 1 = 3 628 800 Kombinationen, die Playlist zu hören. Man bräuchte also knapp 3,6 Millionen Sekunden, was 42 Tagen entspricht.

Wie Steuerbetrüger mithilfe der 1 enttarnt werden

Unternehmensdurchsuchung! Verdacht auf Steuerbetrug. Das ganze Unternehmen wird unter die Lupe genommen. Aber egal, wie intensiv die Fahnder auch suchen, sie finden nichts … Oder doch? Das Einzige, das ihnen verdächtig vorkommt, sind zwei Ausgabenlisten des Unternehmens. Beide Listen zeigen angeblich die Ausgaben vom 05.11.2023. Eigentlich dürfte es aber nur eine Liste geben. Das Unternehmen beteuert, dass die linke Liste die richtige ist und die Zahlen auf ihr zu 100 % stimmen. Die rechte hingegen sei eine Fälschung. Ob das der Wahrheit entspricht? Was sagt dir dein Bauchgefühl, wenn du dir die beiden Listen anschaust? Welche Liste ist echt und welche eine Fälschung?

Ausgaben 05.11.2023	Ausgaben 05.11.2023
7,35 €	1,79 €
9,87 €	6,71 €
12,78 €	10,52 €
20,34 €	12,43 €
25,84 €	14,27 €
28,63 €	18,89 €
31,45 €	19,78 €
39,16 €	20,65 €
44,58 €	23,47 €
47,23 €	27,91 €
53,27 €	29,34 €
54,21 €	30,56 €
60,72 €	35,09 €
67,89 €	38,82 €
68,94 €	40,73 €
76,92 €	49,28 €
82,49 €	58,64 €
83,56 €	76,49 €
90,10 €	85,37 €
95,41 €	94,21 €

Ob du es glaubst oder nicht, man kann recht eindeutig sagen, dass die linke Liste nicht der Realität entspricht und wahrscheinlich eine Fälschung ist. Zwar bräuchte man mehr als 20 Ausgaben, um das zu beweisen, aber wir wollten ungern 10 Seiten des Buches aufwenden, um entsprechend lange Ausgabenlisten einzufügen. Deshalb muss sie für unser Beispiel reichen. Hast du schon eine Idee, woran man das erkennen könnte? Falls nicht, nimm einmal den Kassenbon deines letzten Großeinkaufs zur Hand und schaue dir die ersten Ziffern aller Preise ganz genau an. Hat ein Artikel etwa **1**,63 € gekostet, dann ist für dich die 1 am Anfang von Bedeutung. Für den Fall, dass eine 0 am Anfang der Zahl steht, musst du sie überspringen und auf die erste Ziffer achten, die keine 0 ist. Fällt dir etwas auf, wenn du aufschreibst, wie häufig welche Ziffer am Anfang steht? Die 1 kommt mit Abstand am häufigsten am Anfang einer Zahl vor, oder? Und am zweithäufigsten steht eine 2 am Anfang, richtig?

Warum aber konnten wir auf einen Blick feststellen, dass die linke Ausgabenliste eine Fälschung ist, und wieso in aller Welt waren wir uns so sicher, dass dein Kassenbon so viele Einsen an erster Stelle hat? Keine Sorge, wir spionieren dich nicht aus. Wir kennen nur die Gesetze der Mathematik. Bei Zahlenansammlungen wie der Ausgabenliste des Unternehmens oder deines Kassenbons müssen rund 30 % der Zahlen mit einer 1 beginnen, 18 % mit einer 2, 13 % mit einer 3 und so weiter, damit sie der Wahrheit entsprechen.

Führende Ziffer	Wahrscheinlichkeit
1	30,1 %
2	17,6 %
3	12,5 %

4	9,7 %
5	7,9 %
6	6,7 %
7	5,8 %
8	5,1%
9	4,6 %

Das Bendfordsche Gesetz

Was auf den ersten Blick jeglicher Logik widerspricht, hat tatsächlich einen recht nachvollziehbaren Hintergrund. Man nennt die Gesetzmäßigkeit das »Bendfordsche Gesetz«. Um dieses Gesetz zu verstehen, machen wir ein kleines Gedankenexperiment. Stell dir vor, dass du alle Rechenoperationen bis auf das Plus vergessen hast. Du kennst also weder Minus noch Mal oder Geteilt. Würdest du dann sagen, dass der Abstand von der 1 zur 2 genauso groß ist wie der von der 8 zur 9?

Ja, würdest du. Denn in beiden Fällen müssen wir +1 rechnen, um von der einen zur anderen Zahl zu gelangen. 1 und 2 sind also genauso weit voneinander entfernt wie 8 und 9. Gleiches gilt auch für 2 und 3, 3 und 4 und so weiter.

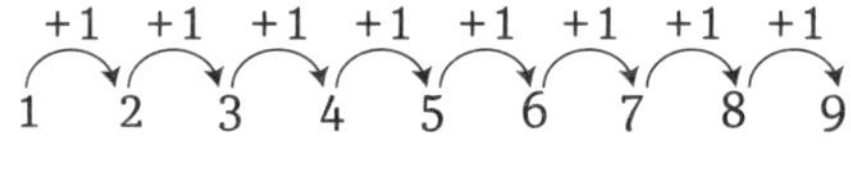

Nun stell dir vor, dass du nur noch die Multiplikation kennst. Plus, Minus und Geteilt sind vergessen. Wie groß ist dann der Abstand von der 1 zur 2 und von der 8 zur 9?

Das Intervall zwischen der 1 und 2 ist viel größer als das zwischen der 8 und 9. Von der 1 zur 2 muss man · 2 rechnen, die

Zahl also verdoppeln (+ 100 %). Von der 8 zur 9 muss man lediglich ·1,125 rechnen. Man muss die 8 also um nur 12,5 % vergrößern, um zur 9 zu gelangen. Und genau da liegt auch die Begründung für das Bendfordsche Gesetz. Wir betrachten die Welt mit einer multiplikativen Skala, also aus der »Mal-Sichtweise«.

Etwas bildlicher erklärt: Weil das Intervall zwischen der 1 und der 2 so groß ist, tummeln sich dort auch viele Zahlen. Das sind die Zahlen, die mit einer 1 anfangen. Je weiter man nun nach rechts geht, desto kleiner ist das Intervall und desto weniger Zahlen gibt es, die mit einer 2, einer 3 und so weiter beginnen.

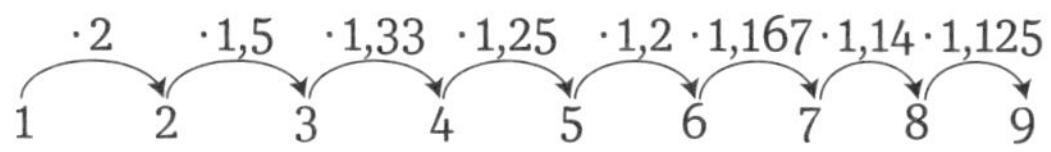

Und warum ist es sinnvoll, die Welt aus der Sicht der Multiplikation zu betrachten? Das zeigt sich an einem einfachen Beispiel.

Angenommen, du beobachtest drei Instagram-Accounts. Der Erste hat 1000 Follower, der Zweite hat 100 000 Follower und der Dritte hat 500 000 Follower. Wenn du die Accounts nun in zwei Kategorien aufteilen müsstest, welche Accounts würdest du dann zusammen in eine Kategorie stecken? Vermutlich den Account mit 100 000 Followern und den mit 500 000 Followern, oder? Jeder von uns würde das wahrscheinlich so machen. Eigentlich merkwürdig, denn wenn man darüber nachdenkt, sind der erste und zweite Account nur 99 000 Follower voneinander entfernt, während der zweite und dritte 400 000 Follower Abstand zueinander haben. Wir fassen Account zwei und drei zusammen, weil wir die Welt mit der multiplikativen Brille sehen. Um vom ersten zum zweiten Account zu gelangen, müssen wir ·100 rechnen, während es vom zweiten zum dritten nur ·5 sind. Die beiden großen Accounts sind also aus multiplikativer Sicht viel näher beieinander.

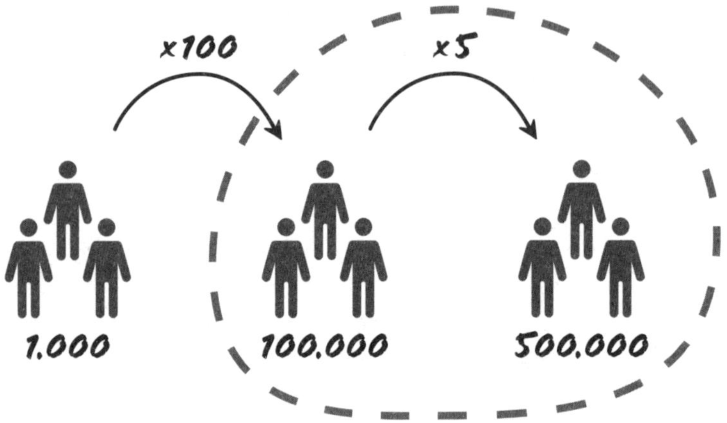

Vielleicht ist aber folgende Erklärung noch etwas greifbarer für dich, dazu gehen wir noch einmal zurück zum Kapitelanfang und der Ausgabenliste: Intuitiv würde man davon ausgehen, dass alle Ziffern von 1 bis 9 gleich häufig am Zahlenanfang auf dem Kassenbon stehen. Die Wahrscheinlichkeit für eine 1, 2, 3, …, 9 würde dann bei jeweils 11,11 % liegen $\left(\frac{100\,\%}{9} = 11{,}11\,\%\right)$.

Stelle dir nun aber vor, du würdest alle ganzen Zahlen (1, 2, 3, …) der Reihe nach aufschreiben. Nach jeder aufgeschriebenen Zahl achtest du auf die prozentuelle Häufigkeit, mit der eine der bisher aufgeschriebenen Zahlen mit einer 1 beginnt. Wir haben das in der nächsten Tabelle einmal für dich gemacht. Wenn man nur die 1 aufgeschrieben hat, dann liegt die prozentuelle Häufigkeit der 1 am Zahlenanfang aller aufgeschriebenen Zahlen bei 100 %. Auf dem Zettel steht schließlich nur die 1. Wenn man dann die 2 hinzufügt, fällt sie auf 50 %, denn dann fängt nur noch eine von zwei Zahlen mit einer 1 an. Wenn man nun die 3 hinzufügt, liegt die prozentuelle Häufigkeit der 1 am Zahlenanfang unter allen aufgeschriebenen Zahlen nur noch bei 33,33 %. Genau nach dem Prinzip schreiben wir nun alle Zahlen von 1 bis 99 auf.

	Prozentuelle Häufigkeit		Prozentuelle Häufigkeit		Prozentuelle Häufigkeit
1	**100 %**	10	20 %	20	55 %
2	50 %	11	27,27 %	21	52,38 %
3	33,33 %	12	33,33 %	22	50 %
4	25 %	13	38,46 %	23	47,82 %
5	20 %	14	42,86 %	24	45,83 %
6	16,67 %	15	46,67 %	25	44 %
7	14,29 %	16	50 %	26	42,31 %
8	12,5 %	17	52,94 %	27	40,74 %
9	**11,11 %**	18	55,56 %	…	
		19	**57,89 %**	99	**11,11 %**

Fällt dir auf, wie groß die prozentuelle Häufigkeit der 1 am Anfang der Zahlen die ganze Zeit über ist? Sie beginnt bei 100 % und nimmt dann Stück für Stück ab, bis sie bei der 9 bei den intuitiven 11,11 % liegt. Dann steigt sie aber wieder auf 57,89 % an und nimmt daraufhin ganz langsam ab, bis zur 99, wo sie wieder bei 11,11 % liegt. Das gleiche Muster würde nun immer wieder entstehen, wenn wir die Liste fortführen würden: Die prozentuelle Häufigkeit für eine 1 zu Beginn der notierten Zahlen liegt also immer bei mindestens 11,11 % und fast immer bei sogar mehr.

Erstellt man diese Liste und achtet hingegen auf Zahlen, die mit einer 9 beginnen, dann wird die prozentuelle Häufigkeit der 9 an der ersten Stelle der Zahlen zu jedem Zeitpunkt kleiner oder maximal genauso groß sein wie die prozentuelle Häufigkeit der Zahlen, die mit einer 1 beginnen.

	Prozentuelle Häufigkeit		Prozentuelle Häufigkeit		Prozentuelle Häufigkeit
1	0 %	10	10,00 %	20	5 %
2	0 %	11	9,09 %	21	4,76 %
3	0 %	12	8,33 %	22	4,55 %
4	0 %	13	7,69 %	23	4,35 %
5	0 %	14	7,14 %	24	4,17 %
6	0 %	15	6,67 %	25	4,00 %
7	0 %	16	6,25 %	26	3,85 %
8	0 %	17	5,88 %	27	3,70 %
9	**11,11 %**	18	5,56 %	...	
		19	5,26 %	99	**11,11 %**

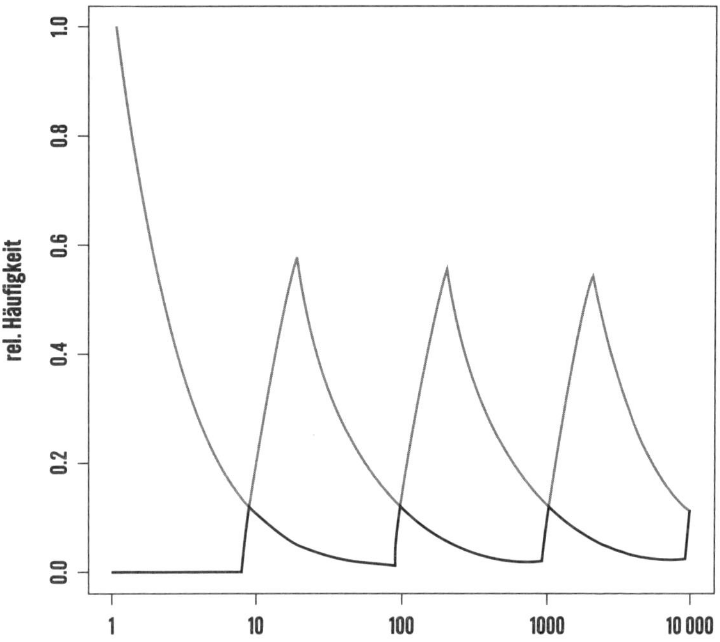

Der Graph beschreibt die relative Häufigkeit für eine 1 (grau) und 9 (schwarz) zu Beginn einer Zahl bei Zahlen von 1–10 000.

Da die prozentuelle Häufigkeit für eine 1 am Anfang der Zahlen also immer größer als die für eine 9 und analog auch für alle anderen Ziffern ist, ergibt sich der erwähnte Wert von ca. 30 % für eine 1 am Zahlenanfang aus dem Bendfordschen Gesetz.

Das Bendfordsche Gesetz im Alltag

Unglaublich, aber wahr. Im Alltag begegnet uns das Gesetz regelmäßig und das meist ohne, dass wir es wissen. Probiere es einfach einmal selbst aus:

- Suche 10 Begriffe auf Google und achte auf die erste Ziffer der Anzahl an Suchergebnissen.
- Blättere durch deine Tageszeitung und notiere dir alle ersten Ziffern der Zahlen, die in der Zeitung vorkommen.
- Schau dir einmal eine Tabelle mit den Flusslängen aller deutschen Flüsse an.

Und ob du es glaubst oder nicht: Das Gesetz ist sogar ein echter Verfechter von Recht und Ordnung. Mit ihm wurde zum Beispiel 2009 ein Wahlbetrug im Iran aufgedeckt. Da sich bestimmte Wahldaten nicht entsprechend des Bendfordschen Gesetzes verhielten, konnte mit Sicherheit davon ausgegangen werden, dass die Wahlen manipuliert worden waren. Auch werden mithilfe des Bendfordschen Gesetzes regelmäßig Steuerbetrüger entlarvt. Unser Beispiel am Anfang könnte also wirklich so in der Realität passieren. Von Menschen ausgedachte Zahlen in Steuererklärungen verhalten sich nämlich nicht entsprechend des Bendfordschen Gesetzes und verraten

Steuerbetrüger unmittelbar. Die Anwendung des Gesetzes ist sogar vor Gericht als Beweismittel zugelassen.

Natürlich gibt es aber auch Fälle, in denen das Gesetz nicht gilt. Bei der Körpergröße von Menschen etwa. Sie fängt fast immer mit der Ziffer 1 an, da die meisten Menschen zwischen 1,00 m und 1,99 m groß sind und Körpergrößen von über 2,75 m gar nicht existieren. Körpergrößen haben also kaum eine Chance, mit einer 9 zu beginnen.

Verschwörungstheorien mit Mathe entkräften

Verschwörungstheorien gibt es schon sehr lange. Und immer wieder tauchen neue auf. Seitdem es aber möglich ist, Informationen im Bruchteil einer Sekunde in die ganze Welt zu senden, kommen immer mehr Menschen mit solchen Theorien in Berührung. Umso wichtiger ist es, ein sicheres mathematisches Verständnis zu haben, damit Theorien sofort hinterfragt und gegebenenfalls als falsch aufgedeckt werden können.

Verheimlicht uns die 11 etwas?

Die **11** scheint eine Zahl zu sein, die sich wie ein roter Faden durch die Ereignisse des 11. Septembers zieht. Am **11**.09. (1+1+9 = **11**) musste die Welt die schrecklichen Anschläge auf die Twin Towers miterleben. Die Türme standen in New York City (**11** Buchstaben), dem **11**. Staat, der den United States of America beigetreten ist. Welcher Flug war der erste, der in die Türme flog? Der American-Airlines-Flug **11**. Die Besatzung bestand aus **11** Crewmitgliedern. Wenn man sich die Twin Towers als zwei gerade Striche vorstellt, die direkt nebeneinanderstehen, dann ergibt das die Zahl **11** … Haben wir es hier etwa mit einer Verschwörung zu tun? Und nicht nur die 11 hat etwas Komisches an sich. Es existieren weitere »Zufälle«, die zu auffällig sind, um Zufälle zu sein, oder?

Abraham Lincoln und John F. Kennedy wurden beide als zweites Kind in ihre Familien hineingeboren. Lincoln wurde **1846** in den Kongress gewählt, Kennedy **1946**. Beide wurden **Präsidenten** der USA. Lincoln **1860**, Kennedy **1960**. Auf beide Präsidenten wurde ein Attentat an einem **Freitag** verübt. Lincoln wurde im **Ford**-Theater angeschossen, Kennedy in einem Auto der Marke »**Lincoln**«, das zum **Ford**-Konzern gehörte. Die Nachfolger der beiden Präsidenten trugen jeweils den Namen **Johnson**, von denen der eine **1808** und der andere **1908** geboren wurde.

Kann das alles noch ein Zufall sein oder zeigt es eher, dass hinter vielen Ereignissen mehr steckt, als wir denken, und doch etwas an Verschwörungstheorien dran ist? Mathematisch gesehen gibt es hierzu eine ganz klare Antwort: Es ist reiner Zufall! Ein Zufall, der auf den ersten Blick zwar zu systematisch aussieht, um ein Zufall zu sein, auf den zweiten Blick aber ganz logisch ist. Wenn die Menge an Ereignissen, Daten und Zahlen nur groß genug ist, dann wird man in ihnen alle möglichen wilden Zusammenhänge finden, die nicht mehr wie Zufälle wirken. Einige solcher Zufälle kennen wir sogar schon aus diesem Buch. Die Wahrscheinlichkeit, im Lotto den Jackpot zu gewinnen, liegt bei ca. 1:130 Millionen, ist also sehr gering. Weil es jedoch Millionen von Menschen gibt, die jede Woche ihr Glück versuchen, gibt es regelmäßig einen glücklichen Gewinner. Die Menge an Spielern ist also so groß, dass aus der »Unmöglichkeit« eine Regelmäßigkeit wird. Wenn ein Affe unendlich lang an einer Schreibmaschine sitzt und zufällige Tasten drückt, dann wird er irgendwann alle Stücke von Shakespeare geschrieben haben. Und zwar nur deshalb, weil er unendlich lange schreibt. Die Menge an Buchstaben, Wörtern und Sätzen wird unendlich groß und führt dann dazu, dass auch die schwierigsten Sätze irgendwann geschrieben sein werden.

Hinter solchen Phänomenen steckt also nichts anderes als Mathematik. Auf den ersten Blick scheint es sehr unwahrscheinlich, dass es so viele Parallelen zwischen Abraham Lincoln und John F. Kennedy gibt. Bedenkt man dann allerdings, dass schon mehrere Milliarden Menschen auf dieser Welt gelebt haben und es aktuell 8 Milliarden sind, dann wird es etliche Personen geben, die im Abstand von 100 Jahren die gleichen Ämter bekleideten. Mit Sicherheit würde man sogar noch viel mehr Parallelen im Lebenslauf einiger Menschen finden, wenn man sich jedes Detail ganz genau anschaut. Der Unterschied zu Lincoln und Kennedy ist aber, dass die meisten Menschen keine Präsidenten sind und deshalb nie jemand auf Parallelen achten und darüber reden wird. Und natürlich ist es gefühlt sehr zufällig, dass die 11 im Kontext der Anschläge vom 11. September immer wieder auftaucht. Bedenkt man allerdings, dass es im Zuge der Anschläge Tausende Zahlen und entfernte Zusammenhänge gibt, die man sich anschauen könnte, dann findet man darunter sicherlich auch etliche Dinge, die mit der 3 oder der 5 oder der 7 zu tun haben. Es gilt immer: Je mehr Daten es gibt, desto größer ist auch die Wahrscheinlichkeit, dass »komische Zufälle« auftreten.

Schon wieder die 11?

Und apropos 11: Rate mal, welche Nummer die Raumfahrtmission hatte, bei der Neil Armstrong als erster Mensch in der Geschichte seinen Fuß auf den Mond setzte? Ob man es glaubt oder nicht, es war Apollo **11**. Schon wieder steht die 11 also in Zusammenhang mit einem bedeutenden Ereignis, um das sich viele Verschwörungstheorien ranken. Dass das aber wirklich reiner Zufall ist, hast du gerade schon erfahren. Um dich aber auch ganz sicher davon zu überzeugen, dass hinter der Mondlandung keine Verschwörung steckt, gibt es noch einen weiteren mathematischen Ansatz.

Insgesamt waren rund 400 000 Menschen an der Apollo-Mission beteiligt. Nehmen wir einmal an, dass nur 1 % von ihnen im engeren Kreis der Mission tätig war, dann sind das immer noch 4000 Menschen. Wenn die Mission ein großer Fake wäre, dann müsste jeder Einzelne von ihnen den Mund halten. Er dürfte weder seiner Familie noch seinen engsten Freunden davon erzählen und dürfte sich auf keinen Fall verplappern und die Information ungewollt preisgeben. Und wir alle wissen, wie gerne man seiner Familie und seinen engsten Freunden von einem Geheimnis erzählt und wie leicht es einem in einem vertraulichen Gespräch rausrutschen kann. Angenommen also, die Mondlandung wäre gefakt und die 4000 Beteiligten würden alle, so gut es geht, dichthalten. Sagen wir, dass das zu **99 %** funktioniert und die Information nur zu 1 % weitergegeben wird. Dann würde die Wahrscheinlichkeit dafür, dass niemand etwas sagt, bei $99\,\%^{4000} = 0{,}99^{4000} \approx$ $0{,}00000000000000035\,\%$ liegen. Sie würde also gleich 0 sein. Die Wahrscheinlichkeit, dass mindestens eine Person etwas weitersagt, läge also im Umkehrschluss bei fast 100 %. Wenn man mit den Wahrscheinlichkeiten weiterrechnet, ergibt sich eine Wahrscheinlichkeit von **über** 95 %, dass **30 oder mehr** Personen das Geheimnis weitersagen. Angenommen, nur 30 Menschen würden es jeweils 3 Personen, zum Beispiel ihrer Familie, erzählen. Dann wüssten plötzlich 90 Personen davon, die es eigentlich gar nicht wissen sollten. Diese erzählen es dann wieder anderen Personen und in kürzester Zeit entwickelt sich eine lawinenartige Verbreitung der Information.

Dieses Beispiel veranschaulicht sehr schön, wie schwierig es wäre, ein Ereignis wie die Mondlandung zu fälschen, wenn so viele Menschen an ihm beteiligt waren. Ob die Astronauten auf dem Mond beim Blick auf die Erde wohl damit gerechnet haben, dass ihre Landung so viele Skeptiker anziehen würde? Apropos Blick auf die Erde ...

Ist die Erde eine Scheibe?

Vom Mond aus konnte man vermutlich recht schnell feststellen, dass die Erde keine Scheibe, sondern eine Kugel ist, aber nichtsdestotrotz ranken sich auch um dieses Thema immer wieder etliche Verschwörungstheorien. Zwei einfache mathematische Ansätze schaffen Klarheit.

1. Das Schiff am Horizont

Ein recht simpler Beweis für die runde Erde ist das Verhalten von Schiffen am Horizont. Wenn du am Meer liegst und ein Schiff am Horizont beobachtest, das immer näher kommt, dann wird dir Folgendes auffallen: Das Erste, was du vom Schiff siehst, ist der Mast. Erst nach und nach siehst du den Rumpf des Schiffes.

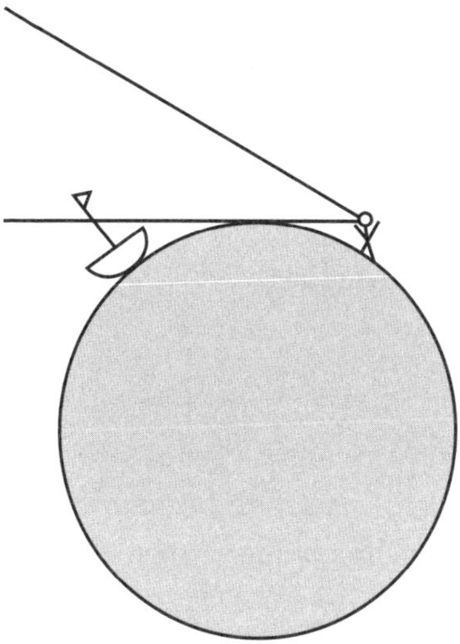

Auf einer flachen Erde könntest du das Schiff jederzeit vom Rumpf bis zum Mast sehen, wenn nichts im Weg ist. Die Kombination aus der Form der Erde und unserem Sichtfeld löst die Verschwörungstheorie also recht schnell auf.

2. Das Dreieck auf der Erde

Noch mathematischer ist aber der »Dreiecksansatz«, den du sogar selbst ausprobieren kannst. Wenn man ein Dreieck auf ebener Fläche zeichnet und alle Winkel im Dreieck addiert, kommt man auf eine Winkelsumme von 180°. Zeichnet man allerdings ein Dreieck auf eine kugelförmige Oberfläche, dann ist diese Winkelsumme größer als 180°. Würde man also ein Dreieck auf der Erde einzeichnen, das groß genug ist, dann könnte man sehr schnell feststellen, dass die Erde eine Kugel ist, da die Winkel im Dreieck zusammen größer als 180° sind.

Zugegeben: Ein Dreieck auf die Erde zu zeichnen ist in der Praxis recht schwierig umsetzbar. Du kannst aber einfach einen Globus zur Hand nehmen oder einen Tennisball und auf ihm ein Dreieck zeichnen. Du wirst sehen, dass sich die Winkel zu über 180° aufaddieren. Das wird natürlich die Verschwörungsfans nicht überzeugen, denn alle Globen könnten »fake« sein. Dann empfehlen wir doch, das oben erwähnte Experiment durchzuführen, also, ein großes Dreieck auf die Erde zu legen. Viel Erfolg!

EPILOG
Mathe forever

Nach dieser Reise durch die faszinierende Welt der Mathematik, die wir gemeinsam mit dir unternommen haben, steht dir nun die Tür zu einer Welt voller logischer Schönheit und nützlicher mathematischer Werkzeuge offen. Die Geschichten und Konzepte, die wir dir vorgestellt haben, sollen dafür nur die Grundlage darstellen. Die wahre Entdeckung beginnt jetzt, mit der Anwendung dieser Konzepte in deinem täglichen Leben. Durch das Überwinden von limitierenden Glaubenssätzen, die Entwicklung des Growth Mindsets und das Eintauchen in die Welt der Zahlen werden neue Perspektiven eröffnet.

Unser Ziel mit MatheMind und insbesondere mit diesem Buch ist es, eine Brücke zu schlagen zwischen der oft gefürchteten Welt der Mathematik und der alltäglichen Erfahrung von jedem von uns. Durch die tägliche Arbeit mit Schülerinnen und Schülern und durch die Freude am Teilen mathematischer Inhalte haben wir gesehen, mit welch einfachen Werkzeugen diese Glaubensmuster aufgebrochen werden können und die Neugier geweckt werden kann.

Das Schöne an der Mathematik ist, sie ist nicht nur ein Fach, das in der Schule gelehrt wird, sondern eine Sprache, die uns hilft, die Komplexität in der Welt um uns herum zu verstehen. Du hast gesehen, dass die Prinzipien der Mathematik sich in den Werken der größten Künstler, in den Technologien, die unsere Welt verändern, und in den natürlichen Mustern, die uns umgeben, zu finden sind. Wenn wir die Mathematik als das sehen, was sie wirklich ist - eine nützliche, schöne und zugängliche Disziplin und Chance -, beginnen wir, den Spaß an ihr zu entdecken und mit Begeisterung und Freude von ihr zu profitieren.

Wir freuen uns darauf, die Geschichten deiner mathematischen Entdeckungen zu hören und weiterhin mit dir auf Reisen zu sein. Mathematik ist ein Geschenk, das darauf wartet, ausgepackt zu werden. Lass uns dieses Geschenk gemeinsam auspacken und einen weiteren Schritt hin zu unserer großen Vision machen: Mathe kann jeder.

Danksagung

Ein herzlicher Dank geht an unsere Eltern Anke, Peter, Marita und Thomas, deren unermüdlicher Einsatz und Liebe die Grundsteine unserer Entwicklungen und Erfolge sind. Ebenso möchten wir der lieben Vanessa für ihre Unterstützung und Ermutigung danken. Ein besonderer Dank gilt auch unseren Geschwistern, Oma Anneliese und all unseren Freunden, die stets an uns geglaubt und uns auf dieser Reise begleitet haben. Eure fortwährende Hilfe und Ermutigung haben einen entscheidenden Unterschied gemacht und uns in schwierigen Zeiten geholfen voranzukommen. Ohne euch alle wäre dieses Buch nicht möglich gewesen.

Anhang

Weiterführende Erklärungen

Flugangst vs. Mathematik

Der Binomialkoeffizient $\binom{n}{k}$ (»n über k«) berechnet sich wie folgt: $\binom{n}{k} = \frac{n!}{(n-k)! \cdot k!}$

Im Taschenrechner kann man ihn mit dem Befehl $nCr(n,k)$ berechnen.

$n!$ kann man dabei so berechnen: $n! = n \cdot (n\text{-}1) \cdot (n\text{-}2) \cdot \ldots \cdot 2 \cdot 1$ (analog für $k!$).

Beispiel:

$$\binom{5}{3} = \frac{5!}{(5-3)! \cdot 3!} = \frac{5 \cdot 4 \cdot 3 \cdot 2 \cdot 1}{(2)! \cdot 3 \cdot 2 \cdot 1} = \frac{5 \cdot 4 \cdot 3 \cdot 2 \cdot 1}{2 \cdot 1 \cdot 3 \cdot 2 \cdot 1} = \frac{5 \cdot 4}{2 \cdot 1} = 10 = nCr(5,3)$$

Im Kapitel rechnen wir

$$\binom{165}{163} = \frac{165!}{(165-163)! \cdot 163!} = \frac{165 \cdot 164 \cdot \ldots \cdot 2 \cdot 1}{(2)! \cdot 163 \cdot 162 \cdot \ldots \cdot 2 \cdot 1} = \frac{165 \cdot 164 \cdot \ldots \cdot 2 \cdot 1}{2 \cdot 1 \cdot 163 \cdot 162 \cdot \ldots \cdot 2 \cdot 1} = \frac{165 \cdot 164}{2 \cdot 1} = 13.530 .$$

Wenn ein Taschenrechner zur Hand ist, dann empfehlen wir aber, ihn zu benutzen. Sonst kann die Rechnerei gerne einmal etwas länger dauern.

Wie du jeden Betrüger enttarnen kannst – Der Hypothesentest

Wir möchten berechnen, wie groß die Wahrscheinlichkeit ist, dass man beim 100-fachen Würfeln beispielsweise zwischen 0- und 26-mal eine Sechs würfelt. Dazu benötigen wir folgende Infos:

- Es wird 100-mal gewürfelt. Die Anzahl der Durchführungen bezeichnet man immer mit einem **n**. Für uns bedeutet das also, dass $n = 100$ ist.
- Bei einem nicht manipulierten Würfel beträgt die Wahrscheinlichkeit für eine Sechs $\frac{1}{6}$. Die Wahrscheinlichkeit für einen Erfolg bezeichnet man immer mit einem **p**. Für uns gilt also $p = \frac{1}{6}$.

Die Formel, um die Wahrscheinlichkeit für genau **k** Sechsen zu berechnen, lautet:

$$P(X = k) = \binom{n}{k} \cdot p^k \cdot (1 - p)^{n-k}$$

Man nennt diese Formel Bernoulli-Formel. Das **X** gibt dabei an, wie viele Sechsen man würfelt. Möchten wir ausrechnen, wie wahrscheinlich es ist, 15 Sechsen zu würfeln, dann rechnen wir einfach $P(X = 15) = \binom{100}{15} \cdot \frac{1}{6}^{15} \cdot \left(1 - \frac{1}{6}\right)^{100-15} \approx 0{,}1002$. Die Wahrscheinlichkeit für 15 Sechsen in 100 Würfen liegt also bei ca. 10,02 %.

Möchten wir nun die Wahrscheinlichkeit dafür bestimmen, dass man zwischen 0 und 26 Sechsen würfelt, addieren wir einfach die Wahrscheinlichkeiten aller einzelnen Fälle. Also »Wahrscheinlichkeit für 0 Sechsen« + »Wahrscheinlichkeit für 1 Sechs« + ... + »Wahrscheinlichkeit für 26 Sechsen«.

Wie du aber richtig vermutest, wäre das ziemlich viel Rechenarbeit. Deshalb gibt es auch Taschenrechnerbefehle, die das ausrechnen. Da aber nicht alle Taschenrechner denselben Befehl nutzen, können wir dir keinen allgemeingültigen Befehl mitgeben. In unserem Taschenrechner würde man für den obigen Fall (0–26 Sechsen) *binomCdf* $(100, \frac{1}{6}, 26)$ eingeben und auf ca. 99,38 % kommen. Bei deinem Taschenrechner könnte es aber ein anderer Befehl sein.

Wie Mathematik uns hilft, eine Pandemie zu verstehen

»Wenn $S < \frac{\text{Anzahl aller Menschen}}{R_0}$, dann liegt eine Herdenimmunität vor.« Wie leitet sich diese Regel mathematisch her?

Dazu machen wir uns klar, was wir überhaupt erreichen möchten. Unser Ziel ist es, dass die Anzahl der Infizierten auf natürliche Art und Weise zurückgeht. Das ist der Fall, wenn I' (also die Veränderung der Infizierten) kleiner als 0 ist.

$$I' < 0$$

Wir haben schon herausgefunden, dass $I' = |S'| - R'$ ist. Wir können I' also durch $|S'| - R'$ ersetzen.

$$|S'| - R' < 0$$

S' und R' kennen wir aber auch schon genauer. S' berechnet sich durch die Formel

$$S' = -\text{So viele steckt ein Infizierter pro Tag an} \cdot I \cdot \frac{S}{\text{alle Menschen im Modell}}$$

R' berechnet sich durch die Formel

$$R' = \frac{1}{\text{Krankheitsdauer in Tagen}} \cdot I$$

Wir können also S' und R' durch die jeweiligen Formeln ersetzen. Dadurch erhalten wir:

$$\textit{So viele steckt ein Infizierter pro Tag an} \cdot I \cdot S \cdot \frac{1}{\textit{alle Menschen im Modell}} - \frac{1}{\textit{Krankheitsdauer in Tagen}} \cdot I < 0$$

Weil I sowohl in der Formel für S' als auch für R' steckt, können wir es ausklammern. Wir ziehen es also quasi aus beiden Formeln heraus.

$$I \cdot \left(\textit{So viele steckt ein Infizierter pro Tag an} \cdot S \cdot \frac{1}{\textit{alle Menschen im Modell}} - \frac{1}{\textit{Krankheitsdauer in Tagen}} \right) < 0$$

Diese Ungleichung hat nun folgende Form: $I \cdot (\dots) < 0$. In Worten: »I mal der Klammer soll kleiner als 0 sein.« Da die Anzahl der Infizierten (I) immer mindestens 0 oder größer sein wird, kann die linke Seite nur kleiner als 0 werden, wenn der Teil mit der Klammer kleiner als 0 wird. Ein einfaches Beispiel dazu: Wenn $2 \cdot x < 0$ sein soll, dann muss das x kleiner als 0 sein, damit $2 \cdot x$ kleiner als 0 wird. Ist x nämlich größer als 0, dann würde auch das Ergebnis der Multiplikation größer als 0 sein. Eine Multiplikation kann nur kleiner als 0 werden, wenn einer der Multiplikatoren kleiner als 0 ist. I kann in unserer Ungleichung nicht kleiner als 0 werden, deshalb muss der Teil mit der Klammer kleiner als 0 werden. Aus dem Grund reicht es ab jetzt aus, wenn wir uns einfach nur anschauen, wann der Inhalt der Klammer kleiner als 0 wird, und das I weglassen.

$$\textit{So viele steckt ein Infizierter pro Tag an} \cdot S \cdot \frac{1}{\textit{alle Menschen im Modell}} - \frac{1}{\textit{Krankheitsdauer in Tagen}} < 0$$

Nun rechnen wir $+ \frac{1}{\textit{Krankheitsdauer in Tagen}}$ auf beiden Seiten. Dadurch ergibt sich:

$$\textit{So viele steckt ein Infizierter pro Tag an} \cdot S \cdot \frac{1}{\textit{alle Menschen im Modell}} < \frac{1}{\textit{Krankheitsdauer in Tagen}}$$

Und wir rechnen $\cdot$ *Krankheitsdauer in Tagen* auf beiden Seiten. Dann erhalten wir:

$$\textit{So viele steckt ein Infizierter pro Tag an} \cdot S \cdot \textit{Krankheitsdauer in Tagen} \cdot \frac{1}{\textit{alle Menschen im Modell}} < 1$$

Nun rechnen wir noch $\div S$ auf beiden Seiten. Das führt zu:

$$\textit{So viele steckt ein Infizierter pro Tag an} \cdot \textit{Krankheitsdauer in Tagen} \cdot \frac{1}{\textit{alle Menschen im Modell}} < \frac{1}{S}$$

Nun haben wir es fast geschafft. Wir haben nämlich schon herausgefunden, dass R_0 = *So viele steckt ein Infizierter pro Tag an · Krankheitsdauer in Tagen* ist. Wir können also *So viele steckt ein Infizierter pro Tag an · Krankheitsdauer in Tagen* in der Ungleichung durch R_0 ersetzen.

$$R_0 \cdot \frac{1}{\textit{alle Menschen im Modell}} < \frac{1}{S}$$

Das R_0 darf man auch in den Zähler (oberer Teil des Bruches) schreiben. Nun wenden wir einen kleinen Trick an. Wir bilden auf beiden Seiten den Kehrbruch. Das bedeutet, wir vertauschen auf beiden Seiten Zähler und Nenner. Das, was vorher oben stand, steht jetzt unten und umgekehrt. Dabei ist es sehr wichtig, dass wir $<$ zu $>$ machen, sonst wäre unser Trick nicht erlaubt. Hier ein einfaches Beispiel zu diesem Prinzip: $\frac{2}{4} < \frac{3}{4}$, aber $\frac{4}{2} > \frac{4}{3}$. In unserer Ungleichung erhalten wir dann:

$$\frac{\textit{alle Menschen im Modell}}{R_0} > S$$

Und damit sind wir fertig. Wenn $S < \frac{\textit{Anzahl aller Menschen}}{R_0}$, dann liegt eine Herdenimmunität vor. Zugegebenermaßen war es nicht ganz einfach, darauf zu kommen. Wenn du dir aber Zeit nimmst und dich konzentrierst, kannst du sicher unserer Erklärung folgen.

Mathematik und Klimawandel: Können wir unsere Welt noch retten?

Wofür braucht man überhaupt Integrale? Wenn eine Funktion die Veränderung einer Größe angibt, dann kann man mithilfe des Integrals herausfinden, wie die Gesamtveränderung der Größe über einen beliebigen **Zeitraum** ist.

Angenommen, eine Funktion gibt uns an, wie sich die Geschwindigkeit eines Autos innerhalb einer Stunde verhält. Dann können wir aus der Funktion nicht direkt etwas über die zurückgelegte Strecke des Autos in dieser Stunde ablesen. Nutzen wir allerdings das Integral, dann können wir blitzschnell berechnen, wie viel Strecke das Auto in einem beliebigen Zeitraum innerhalb der Stunde zurückgelegt hat.

Genau das Gleiche ist auch in unserem Kapitel der Fall. Die Funktionen $f(j) = 666 - t \cdot j$ und $g(j) = 666 \cdot (1 - p)^j$ geben uns den Verlauf des CO_2-Verbrauches an. Zu wissen, wie viel in welchem Jahr verbraucht wird, ist aber nicht genug. Wir müssen wissen, ob die Einsparungen ausreichen, um **insgesamt** nicht mehr als die 3,1 Milliarden Tonnen zu verbrauchen. Wir benötigen dafür das Integral. Mit ihm können wir sehr schnell berechnen, wie viel CO_2 wir im Zeitraum vom Startpunkt 0 (Jahr 2022) bis zu einem beliebigen Zeitpunkt x insgesamt verbraucht haben.

Das Integral berechnet sich wie folgt:

$\int_0^x f(j)\,dj$	Wir möchten das Integral von 0 bis x der Funktion *f(j)* berechnen. Das *dj* gibt an, dass wir uns auf das j als Variable konzentrieren und nicht auf einen anderen Buchstaben.

$= [F(j)]_0^x$	Als ersten Schritt berechnen wir dazu die Stammfunktion (das Gegenteil der Ableitung) und schreiben sie in eckige Klammern. Die Grenzen unseres Intervalls (0 bis x) schreibt man hinter die eckigen Klammern.
$= F(x) - F(0)$	Dann setzt man zuerst die obere Grenze, also das x, in die Stammfunktion ein und dann die untere Grenze, also die 0. Das Ergebnis ist dann das Ergebnis unseres Integrals.

Wie bildet man die Stammfunktion?

Bei einer Funktion wie $f(j) = 666 - t \cdot j$, bei der die Variable (j) der Funktion nicht im Exponenten steht, lauten die Schritte zum Bilden der Stammfunktion so:

1. Zahl ohne Variable (j) wird zu der gleichen Zahl mit Variabler (j).

666 wird also zu 666j

2. Bei Elementen mit einem j erhöhen wir den Exponenten des j um 1 und schreiben dann ein »$\frac{1}{\textit{der neue Exponent}}$« vor das j.

$-t \cdot j$ wird also zu $-t \cdot \frac{1}{2} \cdot j^2$ oder anders sortiert zu $-\frac{1}{2} \cdot t \cdot j^2$

Funktion: $f(j) = 666 - t \cdot j$
Stammfunktion: $F(j) = 666j - \frac{1}{2} \cdot t \cdot j^2$

Integral von $f(j) = 666 - t \cdot j$ von 0 bis x:

$$\int_0^x (666 - t \cdot j)\, dj = \left[666j - \frac{1}{2} \cdot t \cdot j^2\right]_0^x = 666 \cdot (x) - \frac{1}{2} \cdot t \cdot (x)^2 - \left(666 \cdot (0) - \frac{1}{2} \cdot t \cdot (0)^2\right)$$

$$= 666 \cdot x - \frac{1}{2} \cdot t \cdot x^2$$

Wenn wir uns nun den Graphen von $666 \cdot x - \frac{1}{2} \cdot t \cdot x^2$ im Taschenrechner oder Matheprogramm zeichnen lassen, dann können wir dort auf einen Blick erkennen, wie viel CO_2 seit 2022 bis zu jedem beliebigen Zeitpunkt x ausgestoßen wurde.

Integral von g(j)

Bei einer Funktion wie $g(j) = 666 \cdot (1\text{-}p)^j$, bei der die Variable (j) der Funktion im Exponenten steht, lauten die Schritte zum Bilden der Stammfunktion so:

1. Faktor ohne j wird unverändert übernommen

666 bleibt also 666

2. Die Potenz mit dem j als Exponent wird ebenfalls übernommen. Zusätzlich wird sie aber durch den *ln* der Basis (1 – *p*) geteilt. Der *ln* ist eine besondere Art des Logarithmus. Was er aber genau ist, ist für uns hier nicht weiter wichtig.

$(1-p)^j$ wird also zu $\frac{(1-p)^j}{ln\,(1-p)}$

Funktion: $g(j) = 666 \cdot (1-p)^j$
Stammfunktion: $G(j) = 666 \cdot \frac{(1-p)^j}{ln\,(1-p)}$

Integral von $g(j) = 666 \cdot (1-p)^j$ von 0 bis x:

$$\int_0^x (666 \cdot (1-p)^j)\,dj = \left[666 \cdot \frac{(1-p)^j}{ln\,(1-p)}\right]_0^x = 666 \cdot \frac{(1-p)^{(x)}}{ln\,(1-p)} - \left(666 \cdot \frac{(1-p)^{(0)}}{ln\,(1-p)}\right)$$

$$= 666 \cdot \frac{(1-p)^x - 1}{ln\,(1-p)}$$

Wenn wir uns nun den Graphen von $666 \cdot \frac{(1-p)^x - 1}{ln\,(1-p)}$ im Taschenrechner oder Matheprogramm zeichnen lassen, dann können wir dort auf einen Blick erkennen, wie viel CO_2 seit 2022 bis zu jedem beliebigen Zeitpunkt ausgestoßen wurde.

Der unendliche Strand, der nicht unendlich lang ist

$$\int_0^\infty \frac{1}{x^2}\,dx = \lim_{a \to \infty} \int_1^a \frac{1}{x^2}\,dx$$

Weil man ∞ nicht in eine Funktion einsetzen kann, können wir das Integral bis unendlich nicht berechnen. Deshalb gehen wir einen Umweg und berechnen das Integral bis zu einem festen Wert a und lassen dann dieses a mithilfe des Limes gegen unendlich laufen.

Als Nächstes berechnen wir nun die Stammfunktion

$$= \lim_{a \to \infty} \left[-\frac{1}{x}\right]_1^a$$

Als Nächstes setzen wir die Grenzen in die Stammfunktion ein. Zuerst die obere Grenze (a) und dann minus die untere Grenze (1):

$$= \lim_{a \to \infty} -\frac{1}{a} - \left(-\frac{1}{1}\right)$$

Wenn wir jetzt das a unendlich groß werden lassen, dann nähert sich der Bruch immer mehr der 0 an und der hintere Teil der Rechnung ergibt 1. Also erhalten wir als Ergebnis für das Integral 1.

Anmerkungen

Teil 1 Auch du kannst Mathe

1 Goldman, Robert; Papson, Stephen (1998): *Nike Culture. The Sign of the Swoosh*. SAGE Publications Ltd, Thousand Oaks, S. 49.

2 Binsack, Carsten; Liebsch, Hilmar; Raabe, Kristin; Sachs, Corinna (2005): *Der Placeboeffekt – Glaube als Medizin?* WDR, Köln, S. 5.

3 Rosenthal, Robert; Fode, K. L. (1963): The Effect of Experimenter Bias on the Performance of the Albino Rat, in: *Behavioral Science 8*, S. 183–189.

4 Wilson, Robert C.; Shenhav, Amitai; Straccia, Mark; Cohen, Jonathan D. (2019): The Eighty Five Percent Rule for optimal learning. *Nature Communications 10*.

5 Eskreis-Winkler, L.; Fishbach, A. (2019): Not Learning From Failure – the Greatest Failure of All. *Psychological Science, 30* (12), S. 1733–1744.

6 Doran, G. T. (1981): There's a S. M. A. R. T. Way to Write Management's Goals and Objectives. *Management Review,* 70, S. 35–36.

7 Dominican University: Goals Research Summary. Verfügbar unter: https://www.dominican.edu/sites/default/files/2020-02/gailmatthews-harvard-goals-researchsummary.pdf (zuletzt aufgerufen am 24.10.2023).

8 Multisensory Classroom: A Teacher's Guide (2021). Verfügbar unter: https://www.structural-learning.com/post/multisensory-learning-in-the-classroom-a-teachers-guide#:~:text=Research%20indicates%20that%20a%20multi-sensory%20approach%20engages%20more,doing%20activities%20which%20use%20their%20hands%20and%20bodies.#:~:text=Research%20indicates%20that%20a%20multi,use%20their%20hands%20and%20bodies (zuletzt aufgerufen am 24.10.2023).

9 Beispielsweise: Schneider, W., Bjorklund, D. F. (1992): Expertise, Aptitude, and Strategic Remembering. *Child Development,* 63, S. 461–473.

Teil 2 Mathe braucht jeder!

1 Halberstadt, F. (2022): *Schon die alten Griechen bewiesen vor über 2000 Jahren, dass die Erde rund ist.* https://www.hna.de/welt/erde-kugel-rund-wissen-entdeckung-griechen-2000-jahre-forschung-astronomie-zr-91533422.html (zuletzt aufgerufen am 24.10.2023).

2 Das Kapitel orientiert sich an folgender Quelle: Dr. rer. nat. Dieter Ortner (1998): *Distanzbestimmung*. Verfügbar unter: https://www.ago-sternwarte.ch/wissen/astronomie/distanzbestimmung.php (zuletzt aufgerufen am 24.10.2023).

3 Strick, H. K. (2009): *Mohammed Al-Khwarizmi (780–850): »Vater der Algebra«*. Verfügbar unter: https://www.spektrum.de/wissen/mohammed-al-khwarizmi-780-850/979324#:~:text=Der%20Mathematische%20Monatskalender%20Mohammed%20Al,850)%3A%20%C2%BBVater%20der%20Algebra%C2%AB (zuletzt aufgerufen am 24.10.2023).

4 Strick, H. K. (2006): *René Descartes (1596–1650): Er verband Algebra und Geometrie*. Verfügbar unter: https://www.spektrum.de/wissen/rene-descartes-1596-1650/862794 (zuletzt aufgerufen am 24.10.2023).

5 Quelle des Bildes: https://www.wissen.de/der-goldene-schnitt-das-mathematische-geheimnis-der-schoenheit

6 Quelle des Bildes: https://studyflix.de/allgemeinwissen/goldener-schnitt-6943

7 Statista Research Department (2023): Die 25 reichsten Menschen weltweit im Jahr 2023. Verfügbar unter: https://de.statista.com/statistik/daten/studie/181482/umfrage/liste-der-top-25-milliardaere-weltweit/ (zuletzt aufgerufen am 24.10.2023).

8 Bundesverband der Deutschen Luftverkehrswirtschaft (2023): Wie sicher war Luftverkehr im Jahr 2022? Verfügbar unter: https://www.bdl.aero/de/publikation/wie-sicher-war-luftverkehr-im-jahr-2022/#:~:text=Die%20statistische%20Wahrscheinlichkeit%2C%20durch%20einen,sicherer%20als%20in%20den%201970ern (zuletzt aufgerufen am 24.10.2023).

9 Sachverständigenrat für Umweltfragen (2022): Wie viel CO_2 darf Deutschland maximal noch ausstoßen? Fragen und Antworten zum CO_2-Budget. Verfügbar unter: https://www.umweltrat.de/SharedDocs/Downloads/DE/04_Stellungnahmen/2020_2024/2022_06_fragen_und_antworten_zum_co2_budget.pdf?__blob=publicationFile&v=33 (zuletzt aufgerufen am 24.10.2023).

10 Umweltbundesamt (2023): Kohlendioxid-Emissionen. Verfügbar unter: https://www.umweltbundesamt.de/daten/klima/treibhausgas-emissionen-in-deutschland/kohlendioxid-emissionen#herkunft-und-minderung-von-kohlendioxid-emissionen (zuletzt aufgerufen am 24.10.2023).